Stefan Hesse u. a.

Vorrichtungen für die Montage

Vorrichtungen für die Montage

Praxisbeispiele für Planer, Konstrukteure und Betriebsingenieure

Dr.-Ing. habil. Stefan Hesse

Ing. Karl-Heinz Nörthemann
Ing. Heinrich Krahn
Peter Strzys

Mit 189 Bildern

Die Deutsche Bibliothek – CIP-Einheitsaufnahme

Vorrichtungen für die Montage : Praxisbeispiele
für Planer, Konstrukteure und Betriebsingenieure /
Stefan Hesse ... – Renningen-Malmsheim : expert-
Verl., 1997
   ISBN 3-8169-1480-2
NE: Hesse, Stefan

ISBN 3-8169-1480-2

Bei der Erstellung des Buches wurde mit großer Sorgfalt vorgegangen; trotzdem können Fehler nicht vollständig ausgeschlossen werden. Verlag und Autoren können für fehlerhafte Angaben und deren Folgen weder eine juristische Verantwortung noch irgendeine Haftung übernehmen.
Für Verbesserungsvorschläge und Hinweise auf Fehler sind Verlag und Autoren dankbar.

© 1997 by expert verlag, 71272 Renningen-Malmsheim
Alle Rechte vorbehalten
Printed in Germany

Das Werk einschließlich aller seiner Teile ist urheberrechtlich geschützt. Jede Verwertung außerhalb der engen Grenzen des Urheberrechtsgesetzes ist ohne Zustimmung des Verlags unzulässig und strafbar. Dies gilt insbesondere für Vervielfältigungen, Übersetzungen, Mikroverfilmungen und die Einspeicherung und Verarbeitung in elektronischen Systemen.

Vorwort

Die Montage ist ein unternehmerisch entscheidendes Aufgabenfeld. Es geht um Qualitätsverbesserung und Kostensenkung durch Rationalisierung. Immer mehr Montageoperationen werden automatisch ausgeführt. Bei geringen Produktionsraten oder komplizierten Montagevorgängen wird man auch noch in naher Zukunft bei der manuellen Montage bleiben. Aber auch die Handmontageplätze kann man rationalisieren, z.B. durch Verwendung von Hilfsvorrichtungen und Mechanisierungsmitteln. Vorrichtungen spielen in der Montage eine große Rolle. Man muß jedoch das Rad nicht zum zweiten Mal erfinden.

Dieses Buch enthält eine kommentierte Sammlung von ausgeführten Vorrichtungen, die vorzugsweise aus dem Fahrzeugbau stammen. Dort wird seit Jahren konsequent an der Rationalisierung der Montageabläufe gearbeitet. Vieles wird der Leser als Anregung aufnehmen und in sein eigenes Wirkungsfeld umsetzen. Anderes wird den Erfahrungsschatz erweitern und als Lösungsvariante auf Abruf bereitstehen. Natürlich wird bei den Beispielen kein Anspruch auf Vollständigkeit erhoben. Das Feld de Lösungen und Anwendungen ist einfach zu groß.

Am Anfang steht die Überprüfung auf montagegerechte Gestaltung der Baugruppe. Dem folgen Konstruktionsbeispiele für Vorrichtungen, wie sie rund um die Montage gebraucht werden. Schließlich wird noch an ausgewählten Baugruppen auch deren Montagereihenfolge vorgestellt. Alles ist aus der Praxis für die Praxis aufbereitet.

Das Buch soll Konstrukteuren, Planern, Maschinenbauern, Betriebsingenieuren und Studenten als Informationsmaterial dienen und für die betriebsmittelmäßige Ausgestaltung von Montageprozessen verwendet werden. Maschinenbauliche Grundlagenkenntnisse werden vorausgesetzt. Autoren und Verlag wünschen sich, daß dieses Buch eine Hilfe bei der täglichen Arbeit im technischen Bereich wird.

Plauen, im Februar 1997
                Stefan Hesse
                Karl-Heinz Nörthemann
                Heinrich Krahn
                Peter Strzys

Inhaltsverzeichnis

Vorwort

1 Montagerationalisierung   1

2 Regeln für den Konstrukteur   5

3 Konstruktionsbeispiele   8

   3.1 Montagegerechte Gestaltung   8
   3.2 Greifmittel und Halter   13
   3.3 Werkstückzuteiler   23
   3.4 Transporteinrichtungen   31
   3.5 Schraubwerkzeuge   53
   3.6 Preßvorrichtungen   71
   3.7 Fügeeinrichtungen   88
   3.8 Abziehvorrichtungen   103
   3.9 Spanneinrichtungen   113
   3.10 Positionierhilfen   127
   3.11 Montagehilfsmittel   136
   3.12 Zuführeinrichtungen   145

4 Technologiebeispiele   163

   4.1 Montage eines Lenkgetriebes   163
   4.2 Montage einer Wasserpumpe   165
   4.3 Montage eines Ausgleichsgetriebes   167
   4.4 Montage eines Schaltgetriebes   170
   4.5 Montage einer Abtriebseinheit   173
   4.6 Technologieübungen   176

Literatur und Quellen   181

Sachwortverzeichnis   182

1 Montagerationalisierung

Montieren ist Fertigen mit dem Ziel, aus Bauelementen ein zusammengesetztes technisches Gebilde zu erzeugen. Fügen, Montieren und Zusammenbauen bezeichnen dabei etwa dasselbe. Die Gestaltung der Fügeprozesse hängt stark vom angewendeten Fügeverfahren ab. Fügen kann durch Zusammenlegen, Füllen, An- und Einpressen, Urformen, Umformen, Stoffverbinden und noch anderen Verfahren erfolgen. In der Häufigkeit der Verfahren steht das Schrauben mit Abstand an der Spitze, gefolgt von Längspressen und Nieten. Aber auch Kleben, Schweißen und Löten werden immer interessanter. Zwischen den einzelnen Branchen gibt es aber deutliche Unterschiede. Die beim Montieren klassifizierbaren Tätigkeitsgruppen werden in Bild 1.1 aufgeführt.

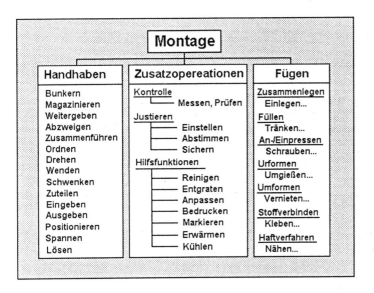

Bild 1.1: Tätigkeitsgruppen beim Montieren

Technisch-organisatorisch kann man in der Montage zwischen folgenden Niveaustufen unterscheiden:
→ Manuelle Montage am Einzelmontageplatz,
→ manuelle Montage an einer Montagelinie,
→ Montageautomat als Rund- oder Linientaktmaschine,

- ➔ automatische synchrone oder asynchrone Montagelinie,
- ➔ flexibles halbautomatisches Montagesystem als Zelle oder hybride Montagelinie (Mensch und Roboter arbeiten zusammen) sowie
- ➔ flexible vollautomatische Montage als Zelle oder Linie.

Im konkreten Fall die richtige Niveaustufe auszuwählen, ist kein trivialer Vorgang. Viele Randbedingungen sind dabei zu beachten. Auf jeden Fall zählen folgende Eigenschaften und Bedingungen:

- ➔ Komplexität des Produkts, also Anzahl der Teile,
- ➔ Losgröße je Auftrag und Gesamtmenge im Jahr,
- ➔ Dauer des Lebenszyklus des Produkts und
- ➔ Anzahl von Produktvarianten, die auf der Anlage zu produzieren sind.

Nach der Komplexität unterscheidet man in einfache Produkte mit bis zu 30 Einzelteilen, in Produkte mit 31 bis 500 Teile und in komplexe Produkte mit mehr als 500 Einzelteilen [1, 17].

Ein typischer Montagefall läßt sich wie folgt darstellen:

Die zu fügenden Werkstücke müssen in ihren Achsen übereinstimmen. Im allgemeinsten Fall befindet sich aber das Montageteil 1 zum Basisteil 2 in einer unbestimmten räumlichen Lage, wie es Bild 1.2a zeigt. Bei Beginn des Fügens müssen Positionsfehler durch Schiebungen in der x- und y-Achse ausgeglichen werden und die Winkelfehler durch Drehungen um 3 Achsen. Für den Ausgleich werden u.a. Fügemechanismen eingesetzt. In Bild 1.2b ist der Positionsfehler kompensiert und die erforderlichen Drehungen um die x- sowie y-Achse sind abgeschlossen. Nun muß nur noch der Keil zur Nut ausgerichtet, also der Winkelfehler ß kompensiert werden. Dann erfolgt das Zusammenstecken. Diese Vorgänge müssen durch aktive oder passive Positionierhilfen unterstützt werden. Die Fügepartner müssen aber auch definiert gehalten, transportiert und zugeführt werden. Dafür braucht man wiederum andere Arten von Vorrichtungen.

Was sind Vorrichtungen?

Vorrichtungen sind spezielle Fertigungsmittel. Mit ihnen werden Werkstücke und Werkzeuge in eine bestimmte Lage zueinander gebracht, oder sie führen diesen Vorgang selbsttätig durch. Während der Montage wird die Lage zwischen Fügeteil oder Werkzeug und Basisteil aufrechterhalten. Vorrichtungen werden auch für die Werkstückbewegung eingesetzt. Allgemein haben Vorrichtungen den Zweck, Arbeits- und Transportoperationen wirtschaftlich zu gestalten und zu erleichtern. Im grundsätzlichen Aufbau einer Vorrichtung erkennt man Elemente zum Fixieren von Objekten, Spannmittel und den Grundkörper. Dabei kann einiges unter Verwendung von Standardkomponenten gestaltet werden.

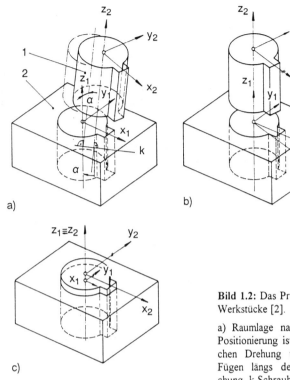

Bild 1.2: Das Problem der Paarung zu fügender Werkstücke [2].

a) Raumlage nach der Grobpositionierung, b) Positionierung ist erfolgt, c) nach der erforderlichen Drehung um die z-Achse beginnt das Fügen längs der z-Achse; a Positionsabweichung, k Schraubachse, α und β Winkelfehler
1 Fügeteil, 2 Basisteil

Eine Klassifizierung der Vorrichtungen kann wie folgt vorgenommen werden:

- Sondervorrichtungen

Die Vorrichtung ist für ein bestimmtes Werkstück konstruiert und gebaut und nur dafür verwendbar.

- Gruppenvorrichtungen

Diese Vorrichtungen sind für eine Gruppe von Werkstücken mit ähnlichen Merkmalen entworfen und gebaut.

- Baukastenvorrichtung

Sie ist auf ein bestimmtes Werkstück umbaubar. Durch Entfernen und Hinzufügen von Baukastenelementen wird die weitere Verwendung erreicht.

- Universalvorrichtung

Die Vorrichtung kann durch Verstellen von Elementen einem bestimmten Werkstück angepaßt werden.

■ Flexible Vorrichtung

Das ist eine Vorrichtung, sie sich von selbst dem Werkstück anpaßt oder die mit minimalem Umrüstaufwand passend gemacht werden kann.

Die flexiblen Vorrichtungen sind vor allem durch ihre Formvariabilität und durch ihre zum Teil vorhandene Kraftvariabilität gekennzeichnet. Formvariable Vorrichtungen sind mit variablen Formelementen, werkstückspezifischen Halte- und Spannelementen oder mit einer plastischen, verfestigbaren Masse ausgerüstet. Sie behalten die einmal angepaßte oder hergestellte Kontur. Der flexible Charakter besteht in der kostengünstigen und schnellen Herstellung.

Der Entwurf einer Vorrichtung unterscheidet sich nicht von der allgemeinen Vorgehensweise beim Entwickeln technischer Systeme. Im Ablauf unterscheidet der Konstrukteur 3 Etappen:

→ Die Präzisierung der Aufgabenstellung,

→ die Entwicklung des Prinzips der Lösung und

→ die Anpassung des Prinzips an die aktuellen Einsatzbedingungen.

Um ein passendes Lösungsprinzip zu finden, kann man verschiedene Wege beschreiten. Das sind folgende:

1. Man isoliert die funktionellen Gegebenheiten der Aufgabenstellung von vorerst sekundären Daten. Dann stellt man die so gefundene Aussage bekannten Naturgesetzen gegenüber. Aus einer Analogiebetrachtung findet man dann einen naturgesetzlichen Zusammenhang, der das Prinzip der Lösung enthält.

2. Man abstrahiert bekannte technische Gebilde im Hinblick auf ihre Funktion und vergleicht das Ergebnis mit der zu erfüllenden Funktion. Dabei stößt man auf ein mögliches, technisch realisierbares Prinzip der Lösung.

Die in diesem Buch vorgestellten Lösungsbeispiele sollen vor allem den zweiten Weg unterstützen. Beispiele sind aber oft nicht 1:1 kopierbar, weil fast immer einige Randbedingungen Abänderungen erzwingen. Trotzdem zeigen sie einen erprobten Lösungsweg auf und machen den Konstrukteur in seinen Entscheidungen etwas sicherer. Oft genügt auch der "Aha-Effekt", um Lösungsgedanken aus eingefahrenen Gleisen herauszuführen und Ansätze für innovative Technik zu finden.

2 Regeln für den Konstrukteur

Vorrichtungen für die Montage hängen von der Produktstruktur, der Verbindungstechnik und der Bauteilgestalt ab, wie es in Bild 2.1 dargestellt wurde. Das erfordert besondere Umsicht, damit wichtige Randbedingungen nicht übersehen werden.

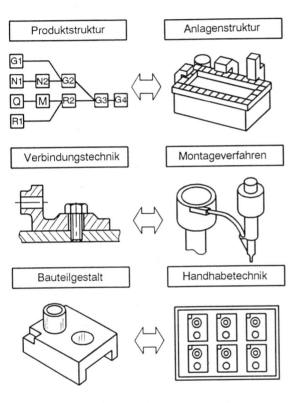

Bild 2.1: Zusammenhang zwischen Produkt und Anlage

Für das Entwerfen von Vorrichtungen gibt es viele Empfehlungen und Methoden. Jeder wird aber im Laufe der Zeit seinen eigenen Stil entwickeln. Dabei sollen einige Regeln helfen, die in Kurzfassung angegeben werden.

→ Mache Dich zunächst von den zahlreichen Details frei, um bei der Lösungsfindung durch Abstraktion den Kern besser herausschälen zu können. Stelle die zu realisierende Gesamtfunktion in verallgemeinerter Form dar. Gehe also vom Idealen zum Realen, d.h. bringe Randbedingungen und Grenzen erst im zweiten Schritt ein [3].

→ Konstruiere von "innen" nach "außen". Es kann sonst passieren, daß innen zuwenig Raum für Bauelemente verbleibt. Das Konzept entwickelt man dagegen von "außen" nach "innen", also vom System zum Teilsystem, vom Teilsystem zum Element.

→ Entwickle vom Wichtigen (Zentralen) zum weniger wichtigen (Peripherie). Das Primat hat immer die Erfüllung der Funktion. Zuerst ist die Hauptfunktion zu klären.

→ Konstruiere einfach! Verwende Standardkomponenten. Was nicht unbedingt notwendig ist, kann entfallen und verursacht weder Ausfälle noch Kosten.

→ Beachte wer an der Vorrichtung arbeitet (Angelernte, Mann, Frau, Facharbeiter, Roboter). Es dürfen nur Aktionen möglich sein, die verlangt werden. Beachte auch die zeitlichen Beziehungen zwischen Prozeß, Bediener und Vorrichtung.

→ Entwerfe Montagevorrichtungen nur auf der Basis bestätigter und endgültiger Konstruktionszeichnungen des Produkts. Kleine Veränderungen am Produkt können ganze Vorrichtungskonzepte infrage stellen.

→ Versuche zuerst Standardbetriebsmittel einzusetzen bzw. anzupassen (Greifer, Handhabungseinrichtungen, Spannvorrichtungen, Montagehilfsmittel, Transportgeräte), ehe spezielle Betriebsmittel konzipiert werden.

→ Nutze Simulationsprogramme, um durch eine Vorausschau auf dem Bildschirm Ansätze für eine Optimierung zu finden bzw. um Vereinfachungen und Verbesserungen durchzuspielen.

→ Versuche Betriebsmittel mit einer sinnvollen Flexibilität auszustatten, es sei denn, ihre Einzweckverwendung liegt von Anfang an fest.

→ Unterstütze eine Arbeitsweise, die als Simultaneous Engineering bekannt ist, also Fachleute verschiedener Betriebsabteilungen rechtzeitig zur parallelen (simultanen) Arbeit zusammenführt.

→ Prüfe die Baugruppen auf montagegerechte Gestaltung und versuche Verbesserungen herbeizuführen, ehe die Betriebsmittelkonstruktion einsetzt.

→ Prüfe Musterteile auf ihre Übereinstimmung mit den Konstruktionsunterlagen. Abweichungen müssen unbedingt aufgeklärt werden.

→ Beachte alle ergonomischen Vorschriften und Empfehlungen bei der Gestaltung von Vorrichtungen, die von Menschen beschickt und bedient werden.

→ Werte die zutreffenden Sicherheitsvorschriften aus (Quetsch- und Scherstellen, Belastung bei manueller Betätigung, Not-Aus-Situationen an der Montageanlage u.a.) und beachte sie bei der Konzipierung von Betriebsmitteln.

→ Schaffe Einlege- und Zentrierhilfen, wenn Bauteile in Aufnahmen, Magazine, Werkstückträger und Spanneinrichtungen eingelegt werden müssen.

→ Bilde Spannmittel so aus, daß manuelles Öffnen und Schließen schnell, ohne Umwege und Gefährdungen sowie sicher ausgeführt werden können.

→ Beachte die Bauteiltoleranzen! Sie unterscheiden sich oft bei Serienteilen von vorab handgefertigten Musterteilen.

→ Konstruiere belastungsgerecht! Beim Schrauben treten z.B. nicht nur Kraftwirkungen auf, sondern auch Drehmomente, die über die Vorrichtung abgefangen werden müssen. Bei größeren Preßkräften muß oft das Basisteil zusätzlich abgestützt werden.

→ Vorrichtungen, die bei der Benutzung gedreht oder geschwenkt werden, sollen möglichst leicht und gut bewegbar sein.

→ Beachte, daß beim Spannen von Montagebasisteilen fast immer auch ein Ausrichten derselben nach einer Achse bzw. Seite oder auch nach zwei Ebenen notwendig ist.

3 Konstruktionsbeispiele

3.1 Montagegerechte Gestaltung

Die Einzelteile und Baugruppen eines Produkts sollen so gestaltet werden, daß sie beim Handhaben und Montieren nur einen minimalen und wirtschaftlichen Aufwand erfordern. Der Produktentwickler hat es in der Hand, die Details so auszubilden, daß dieses Anliegen erfüllt wird. Später vorgenommene Veränderungen verursachen erheblich mehr Aufwand und müssen vermieden werden. Bereits in der Konzeptphase sollen also bei einer Produktentwicklung jene Kriterien beachtet werden, die sich entscheidend auf den späteren Montageablauf, die Teilebereitstellung, die Aufnahme in Vorrichtungen, das Prüfen von Baugruppen sowie Verpackung und Lagerhaltung auswirken. Die Ansatzpunkte für eine montagegerechte Produktstruktur werden in Bild 3.1 aufgeführt.

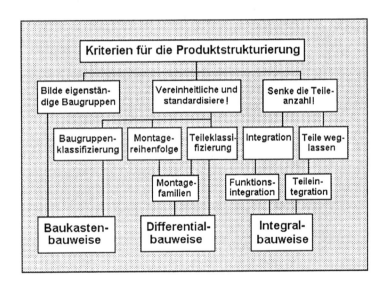

Bild 3.1: Ansatzpunkte für eine montageorientierte Produktstruktur

Unter einer eigenständigen Baugruppe versteht man solche, die in sich "fertig", also vormontierbar, prüfbar und leicht (ohne Hilfsmittel) transportierbar sind. Ein wesentlicher Ansatzpunkt ist natürlich die Verminderung der Teileanzahl. Alles was wegfallen kann muß nicht bereitgestellt, zugeführt, montiert und geprüft werden.

Daraus ergeben sich erhebliche Einsparungen an montagetechnischen Mitteln. Einige wichtige Grundsätze für richtiges handhabungsgerechtes Gestalten werden nun in Bild 3.2 aufgeführt.

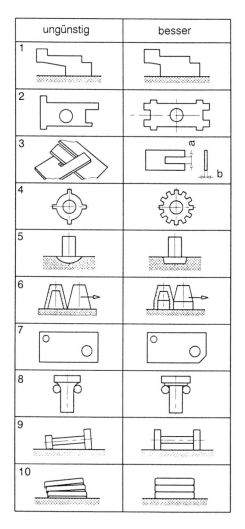

Bild 3.2: Prinzipe handhabungsgerechter Gestaltung

1 Gestalte stabile Auflageflächen! 2 Schaffe Symmetrie! 3 Vermeide das Verhaken von Teilen im Haufwerk! 4 Mache Teile rollfähig! 5 Schaffe definierte Verhältnisse für das Weitergeben! 6 Auflaufende Teile sollen nicht aneinander aufsteigen können. 7 Außenmerkmale erleichtern das Ordnen. 8 Hängefähige Teile sollen deutlich ausgeprägte Auflageflächen haben. 9 Rollfähige Teile sollen geradeaus rollen. 10 Unterstütze die Stapelfähigkeit von Teilen!

Natürlich läßt sich nicht immer alles realisieren. Schließlich sind Prinzipe und Regeln nur Empfehlungen. Es kommt immer auf die spezifischen Randbedingungen an, die bei jedem Fall anders sind.

Die Denkweise soll an einigen Beispielen demonstriert werden. Das Bild 3.3 zeigt die Gestaltung von Schraubstellen. Ihre Zugänglichkeit ist oft ein Problem, weil nicht beachtet wird, daß automatische Schrauber an den Fügestellen einen bestimmten Freiraum benötigen. Es ist zu empfehlen, die Störkantenkontur der Schraubmittel über die Schraubstelle zu legen, um etwaige Kollisionspunkte zu erkennen. Man soll auch Schraubbilder (Schraubenabstand) wählen, die sich mit einem Mehrfachschrauber bewältigen lassen. Die Schrauben sollten vom gleichen Typ und von gleicher Länge sein.

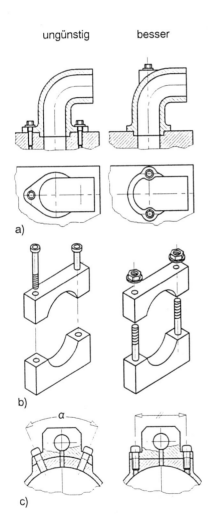

Bild 3.3: Einige Beispiele für montagegerechtes Gestalten

a) Schraubstellen müssen gut zugänglich sein, b) Teile sollen sich beim Fügen aneinander ausrichten können, c) Schraubachsen sollen parallel sein, damit Mehrfachschrauber eingesetzt werden können.

Das Bild 3.4 zeigt die Gestaltung von Wälzlagerstellen. In beiden Fällen wurde in der richtigen konstruktiven Gestaltung der Gewindedurchmesser gegenüber dem Paßdurchmesser zurückgesetzt, damit sich der Innen- bzw. Außenring leicht aufschieben läßt.

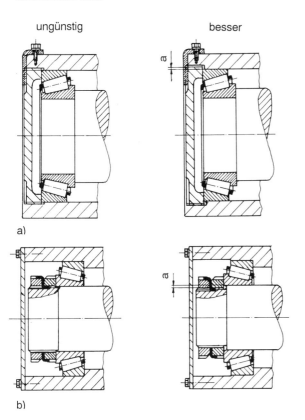

Bild 3.4: Montagegerechte Gestaltung von Wälzlagerstellen

a) Sicherung am Außenring, b) Sicherung am Innenring, a Abstand des zurückgesetzten Gewindes

In Bild 3.5 ist zu sehen, daß man das Einpressen von Radialdichtringen durch entsprechende Einführschrägen am Montagebasisteil erleichtert hat. Aber auch für die Wellen gilt, daß gut geglättete und gerundete Wellenenden gestaltet werden müssen, damit beim Montieren der Welle (Einschieben) keine Beschädigungen an den Dichtlippen auftreten. Dichtringe sind hochbelastete Bauteile, bei denen sich schon kleine "Kratzer" verherrend auf Funktion und Lebensdauer auswirken können.

Wichtig ist die richtige Wahl bzw. die bewußte Ausprägung eines Montagebasisteils. Das ist das ''Startteil'' im Montageablauf, an dem die Montage beginnt. Für Basisteile gilt folgendes:

→ Es weist viele Fügeflächen für andere Bauteile und -gruppen auf.
→ Der Aufbau zum Produkt wird durch einfache und unkomplizierte Fügebewegungen erreicht.
→ Die Auflage in Vorrichtungen ist stabil und es sind gute Spannmöglichkeiten vorhanden.
→ Die Zugänglichkeit ist zu allen Fügeflächen gut.
→ Der Zusammenhalt der Baugruppe (des Produkts) ist während der Montage gewährleistet.
→ Das Basisteil verfügt über Zentrierelemente und ist ausreichend steif.

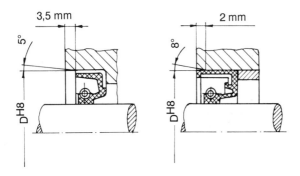

Bild 3.5: Einführschrägen erleichtern die Montage von Radialdichtringen.

Für die Gestaltung montagegerechter Einzelteile gilt:

→ Vermeide das Ordnen von Teilen, z.B. Bereitstellung als Fließgut bzw. Quasifließgut.
→ Erleichtere das Orientieren durch zusätzliche äußere Merkmale, Vermeidung von Asymmetrie und Verwendung von Fließgut.
→ Bilde Führungskanten und Einführschrägen aus, an denen eine Selbstzentrierung stattfinden kann, um das Zusammenstecken zu begünstigen.
→ Erleichtere das Weitergeben der Teile durch ausgeprägte Führungs- bzw. Transportflächen.
→ Integriere Komponenten in andere Funktionsträger.

Für die Baugruppengestaltung sind folgende Hinweise wichtig:

→ Vermeide unnötig enge Toleranzen.
→ Strebe für die Montageoperationen einfache Bewegungsmuster an. Gliedere in eigenständige, für sich stabile und prüfbare Baugruppen.
→ Gestalte demontage- und recyclingfreundlich.
→ Gestalte automatisierungsgerecht (handhabungs-, greif- und robotermontagegerecht).
→ Erleichtere die Herausbildung von Produktvarianten. Strebe das Baukastenprinzip an.
→ Vermeide Justiervorgänge oder erleichtere sie. Sorge für gute Zugänglichkeit der Justiermittel.
→ Reduziere die Teileanzahl und die Zahl der Fügestellen. Gestalte Wiederholbaugruppen.

Ausführliche Darstellungen zur montagegerechten Konstruktion findet der Leser in der Literatur [5] bis [10].

3.2 Greifmittel und Halter

In der Montage müssen insbesondere die Fügeteile zum Zweck des Einpressens, Einschraubens oder Zusammenlegens in der richtigen Orientierung und in einer definierten Position bereitgehalten werden. Die Hand des Werkers wird also durch technische Mittel ersetzt. Diese sind meistens dem Werkstück soweit angepaßt, daß sie für andere Aufgaben nicht verwendbar sind. In diesem Buch sollen darunter folgende Einrichtungen verstanden werden:

→ Haltevorrichtungen

Sie werden auch als Haftaufnahmen bezeichnet, weil die Fügeteile nur mit geringer Kraft auf oder in der Aufnahme gehalten werden. Typisch sind dafür z.B. Kugelrast- und Federelemente. Die Teile sollen lediglich vor dem selbständigen Abfallen infolge Schwerkraft bewahrt werden.

→ Klemmaufnahmen

Vorrichtungen spezieller Konstruktion, um Teile durch Kraftschluß und meistens mit Zentrierwirkung exakt festzuhalten. Man könnte sie auch als Sondergreifer bezeichnen. Typisch ist aber auch hier der Zuschnitt auf ein bestimmtes Werkstück.

→ Greifer

Hier sind Standardgreifer gemeint, die höchstens in der Ausführung der Greiferbacken werkstückbezogen sind. Man kann sie deshalb im Rahmen ihrer Flexibilität bzw. Einstellbarkeit auch für andere ähnliche Werkstücke verwenden.

Eine besondere Form der Werkstückhalter sind Mundstücke für Schrauber, die die Schraube definiert aufnehmen, diese dann aber im Zuge des Schraubvorgangs freigeben müssen.

Besondere Randbedingungen, wie z.B. feinbearbeitete oder polierte Werkstücke, erfordern abgepolsterte Greifmittel oder Aufnahmeelemente geringer Härte (Kunst-

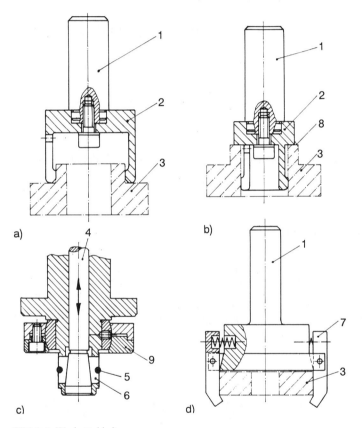

Bild 3.6: Werkstückhalter

a) Außengriff, b) Innengriff, c) Spreizsegmenthalter, d) Federhebelhalter, 1 Einspannzapfen, 2 Greif- bzw. Halteorgan mit 6 Schlitzen am Umfang, 3 Werkstück, 4 Zugstange, 5 O-Ring, 6 Spreizsegment, 7 Greiferfinger, gefedert, 8 Preßfläche, 9 pendelnder Anlagering

stoff). Das ist bei empfindlichen Teilen oft nur schwierig zu erreichen.

Das Bild 3.6 zeigt einige Werkstückhalter für rotationssymmetrische Teile. Das Prinzip der Spannzange kann sowohl für den Innen- wie Außengriff verwendet werden. Bemerkenswert ist, daß ein zusätzlicher Antrieb für das Halten nicht gebraucht wird. Allerdings muß man die Teile bzw. den Halter in der Zielposition abstreifen. Das trifft auch für den Federhebelhalter nach Bild 3.6d zu. Halten durch Spreizen von Elementen erfordert immer einen Spannantrieb, wie es Bild 3.6c zeigt. Für die konstruktive Ausführung der Greifmittel und Halter ist wichtig, ob sie ein Werkstück nur bereitstellen oder ob damit auch ein Preßvorgang ausgeführt werden soll. Die Preßflächen müssen ausreichend groß sein. Möglicherweise muß man auf Hertzsche Pressung nachrechnen.

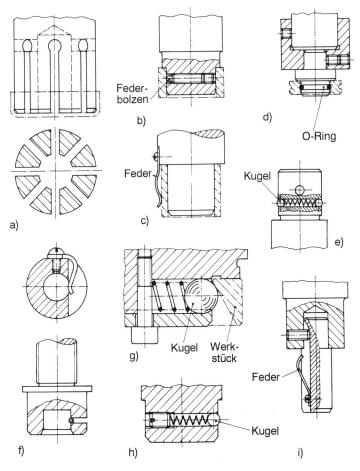

Bild 3.7: Werkstückhalter in der Art von Haftaufnahmen

a) Aufnahme für Blechdeckel, b) Buchsenhalter mit federndem Bolzen im Gewindestift, c) Federhaltung für Buchse, d) Wechseleinsatz für Preßzylinder, e) Haftaufnahme mit zwei Kugeln, f) Innenhaftaufnahme, g) Lagerring, gehalten durch 3 Kugeln am Umfang, h) Ringhalter mit einer Kugel, i) Außenhaftaufnahme mit federndem Kern

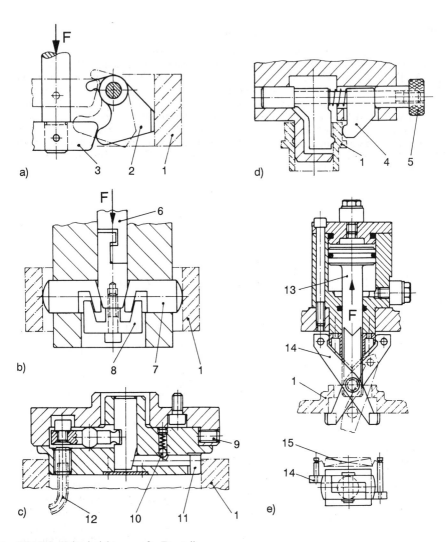

Bild 3.8: Halteeinrichtungen für Fügeteile

a) Hebelklemmung, b) Klemmstößel mit Keilschieber, c) Keilschieberklemmung mit manueller Schlüsselspannung, d) Handklemmeinrichtung, e) Scherenhebelklemmung, 1 Montageteil, 2 Klemmbacken mit Spitzverzahnung an der Greiffläche, 3 Spannkegel, 4 Klemmbacke, 5 Drehgriff, 6 Druckstange, 7 Spannbolzen, 8 Rückholkeil, 9 Justierschraube, 10 Rückholkugel, 11 Spannschieber, 12 Innensechskantschlüssel, 13 Pneumatikzylinder, 14 Scherenhebel, 15 Zugfeder, F Spannkraft

Zu fügende, insbesondere einzupressende Teile müssen am Fügewerkzeug haften, bis dieses die Wirkstelle erreicht hat. Dafür gibt es eine Vielzahl konstruktiver Lösungen, z.B. das Halten mit Saugluft bei kleinen Teilen und das Halten mit Magnetkraft. In Bild 3.7 werden mechanische Lösungen gezeigt, die letztlich alle auf federnden Elementen beruhen. Sie sind einfach und haben sich bewährt. Verschlußkappen u.ä. lassen sich gut mit Vakuumaufnahmen halten.

Unter den in Bild 3.8 gezeigten Halteeinrichtungen sind auch zwei Lösungen enthalten, bei denen noch von Hand die Spannkraft aufgebracht wird. Das läßt sich auch mechanisieren, ohne daß das Klemmprinzip aufgegeben werden muß. Bei der Scherenhebelklemmung wird das Basisteil an den Schenkeln der sich spreizenden Scherenhebel zentriert. Für das Schließen der Schere ist eine Zugfeder vorgesehen.

Das Bild 3.9 zeigt Werkstückhalter, die das Montageteil von innen greifen. Das geschieht z.B. über eine Druckkugel in einem Kegeltrichter, die bei Belastung die Backen spreizt. Bei der Lösung nach Bild 3.9d werden die Backen durch einen Druckkegel 6 gespreizt, wobei die Backen gleichzeitig auf dem Montageteil aufsitzen. Nach dem Öffnen schwenken die Backen durch Schwerkraftwirkung nach innen.

Das Bild 3.10 enthält verschiedene Lösungen für Werkstückaufnahmen, die nach dem Klemmprinzip arbeiten. Als Prinzip wird das Dehnen und Spreizen von Elementen ausgenutzt. Bei der Lösung nach Bild 3.10d geschieht das Innenspannen durch die Wirkung eines Spannkegels. Die Rückstellung des Spannschiebers besorgt ein Innenkegel, der sich beim Lösen nach unten bewegt und dabei in die Keilschräge des Schiebers eintaucht. Beim Federscheibenspanner (Bild 3.10c) wird der Spanneffekt durch die Durchmesservergrößerung hervorgerufen, die sich ergibt, wenn die Federscheibe flachgepreßt wird.

Greifer werden gebraucht, um Werkstücke aufzunehmen, die dann ein-, auf- oder angesteckt werden, also für das Fügen durch Zusammenlegen. In Bild 3.11 werden zwei Greifer gezeigt, die einige Besonderheiten aufweisen. Der Greifer nach Bild 3.11 a besitzt spitzverzahnte Backen, mit denen er das Gußstück spannt. Dabei wird das Teil auf Greifermitte ausgerichtet und zusätzlich gegen Anlagestücke gezogen. Damit erreicht das Teil eine exakte Ausrichtung. Am Umfang können 3 bis 6 Finger angeordnet sein.

Der in Bild 3.11b dargestellte Greifer hat nachgiebige Finger, die durch eine Kurve in 3 verschiedene Stellungen gebracht werden können. Für den Antrieb der Kurvenstange ist deshalb ein Dreistellungszylinder erforderlich. Stellung 1: Der Greifer ist geschlossen und hält das Teil. Stellung 2: In der Mittelstellung der Kurve ist der Griff etwas gelockert, damit im Moment des Fügens eine gewisse Nachgiebigkeit vorhanden ist. Das Teil wird dabei trotzdem noch gehalten. In der

Stellung 3 (dargestellte Situation rechts): Der Greifer hat geöffnet. Der Vorteil dieser Lösung besteht darin, daß die Gelenke der Handhabungseinrichtung nicht überlastet werden, wenn kleine Positionsabweichungen auftreten. Der Greifer gleicht das in sich aus.

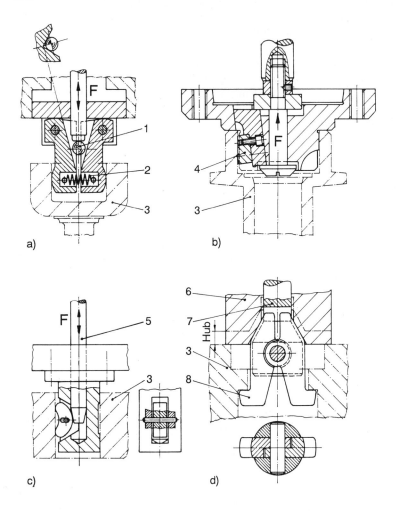

Bild 3.9: Werkstückhalter für den Innengriff

a) Innen-Klemmgreifer, b) Innengriff mit Klemmkörper, c) Innengriff mit Zentrierung, d) Halten mit zufahrbarem Anschlag, 1 Druckkugel, 2 Zugfeder, 3 Montageteil, 4 Spannbacken, Druckstange, 6 Druckkegel, bewegtes Teil, 7 feststehendes Teil, 8 Haltebacken

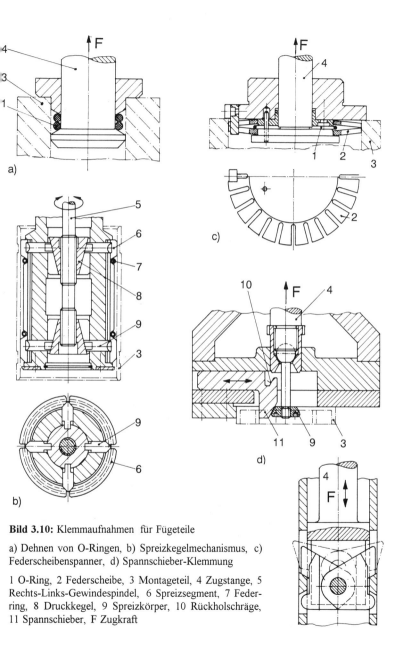

Bild 3.10: Klemmaufnahmen für Fügeteile

a) Dehnen von O-Ringen, b) Spreizkegelmechanismus, c) Federscheibenspanner, d) Spannschieber-Klemmung

1 O-Ring, 2 Federscheibe, 3 Montageteil, 4 Zugstange, 5 Rechts-Links-Gewindespindel, 6 Spreizsegment, 7 Federring, 8 Druckkegel, 9 Spreizkörper, 10 Rückholschräge, 11 Spannschieber, F Zugkraft

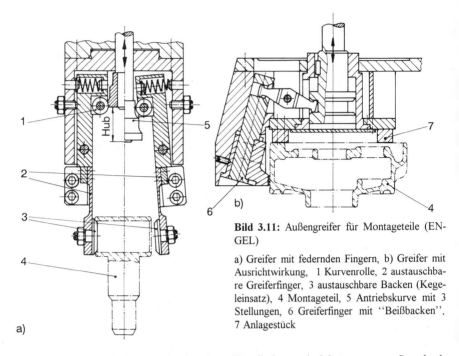

Bild 3.11: Außengreifer für Montageteile (ENGEL)

a) Greifer mit federnden Fingern, b) Greifer mit Ausrichtwirkung, 1 Kurvenrolle, 2 austauschbare Greiferfinger, 3 austauschbare Backen (Kegeleinsatz), 4 Montageteil, 5 Antriebskurve mit 3 Stellungen, 6 Greiferfinger mit ''Beißbacken'', 7 Anlagestück

Oft lassen sich einfache zweckgebundene Handhabungseinrichtungen aus Standardkomponenten aufbauen, wie die Lösung in Bild 3.12 zeigt. Ein pneumatischer Drehflügelmotor sorgt hier für das außermittige Drehen des Greifobjekts. Die Umlenkung der Bewegung besorgt ein Kegelradgetriebe. Um die Greifer nicht zu überlasten, sollten die Greiffinger allerdings so kurz wie möglich gehalten werden. Die besondere Formgebung des Greiferfingers ist hier der speziellen Umgebung an der Fügestelle geschuldet. Die Drehbewegung kann auch anders eingebracht werden, z.B. durch eine Lineareinheit mit Schwenkhebel oder axial angesetztem Schwenkmotor.

Das Bild 3.13 zeigt handelsübliche Greifer, die für Montageoperationen eingerichtet sind. Das gleichzeitige Anschnäbeln an vielen Fügestellen stellt nicht nur große Anforderungen an die Präzision des Greifers, sondern auch an die Wiederholgenauigkeit der Handhabungseinrichtung. Man sollte immer versuchen, mit erprobten Standardgreifern auszukommen, ehe man sich einen Spezialgreifer im Eigenbau zuwendet. Durch angepaßte Greifbacken kann man meistens eine gute Annäherung an das jeweilige Greifproblem erreichen. Oft ist eine Kombination mit einer Greiferdreheinheit als Handgelenkachse sinnvoll.

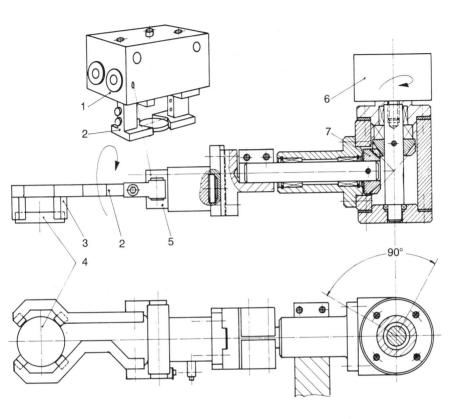

Bild 3.12: Einfaches Einlegegerät auf der Basis handelsüblicher Komponenten
1 Standardgreifblock, 2 Greiffinger, 3 Greifbacke, 4 Montageteil, 5 Parallelbackengreifer, 6 Drehflügelmotor, 7 Kegelradgetriebe

Ein einfacher Klemmgreifer mit Druckluftantrieb wird in Bild 3.14 vorgestellt. Die Klemmwirkung kommt durch einen Gummiformkörper zustande, der sich unter Druck ausbaucht. Das Prinzip eignet sich gut für den Innengriff. Die Greifbacken lassen sich der Greifaufgabe anpassen.

Zum Schluß werden in Bild 3.15 Haltevorrichtungen gezeigt, die ein Teil auch im Drehwinkel orientiert halten, ausgerichtet nach einer Nut. Der in Bild 3.15 dargestellte Halter gibt sein Werkstück frei, wenn beim Hochfahren die Halteklinke auf die schräge Leiste trifft.

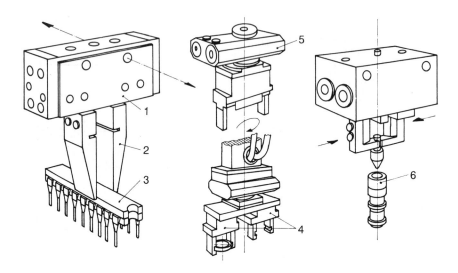

Bild 3.13: Handelsübliche Greifer mit pneumatischem Antrieb (SCHUNK)
1 Greifblock, 2 Greifbacke, 3 Montageteil, 4 Doppelgreifer, 5 Dreheinheit, 6 Montagebasisteil

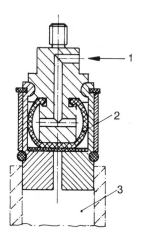

Bild 3.14: Greifen mit pneumatisch angetriebenen Backen
1 Druckluft, 2 Gummi-Dehnkörper, 3 Montageteil

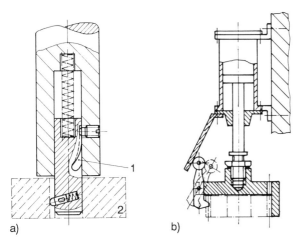

Bild 3.15: Haltevorrichtungen für ein Werkstück mit Paßfedernut bzw. Zahnlücke
a) Ausrichten nach der Innennut, b) Ausrichten nach einer Außennut
1 Ringnut, 2 Basisteil

3.3 Werkstückzuteiler

Unter Zuteilen wird das Erzeugen von Werkstückmengen definierter Größe oder Anzahl verstanden, einschließlich des Bewegens an einen definierten Zielort. Wird nur ein Teil von der Werkstückschlange abgeteilt, spricht man auch vom Vereinzeln.

Das Abteilen ist eine Teilfunktion des Zuteilens.

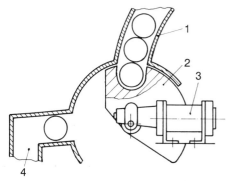

Bild 3.16: Segmentzuteiler

1 Zuführkanal, 2 Schwenksegment, 3 Antrieb, Zahnstange-Ritzel-System, 4 Ablaufkanal

Zuteilen kommt auch in der Montage vor und zählt neben dem Ordnen zu den wichtigsten Handhabungsoperationen. Eine typische Ausführung eines Zuteilers wird in Bild 3.16 gezeigt. Ein Schwenksegment bringt das einfallende Teil zum Ablaufkanal, wobei der Zulaufkanal verschlossen wird. Bei Werkstücken mit komplizierter Form kann bereits das Magazinieren Schwierigkeiten machen. In solchen Fällen bleibt am Ende nur die Möglichkeit, das Zuteilen durch Abgreifen zu realisieren, z.B. aus einem Palettenmagazin.

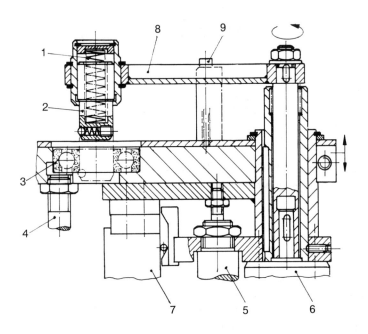

Bild 3.17: Zuteilsystem für Kugellager

1 Druckfeder, 2 Haftaufnahme, 3 Wälzlager, 4 Anwesenheitssensor, 5 Hubzylinder, 6 Drehflügelmotor, 7 Endtaster, 8 Schwenkarm, 9 Festanschlag

In Bild 3.17 wird ein Zuteiler für Rillenkugellager gezeigt. Die Kugellager kommen über eine Gleitbahn aus einem Schachtmagazin zur Abgreifstelle. Die Anwesenheit wird durch einen induktiven Näherungsschalter kontrolliert. Dann wird das Lager nach oben auf den Werkstückhalter geschoben. Eine Kugelrastung verhindert das Zurückgleiten. Der Schwenkarm bewegt sich nun zur Fügestelle. Dort wird das Lager durch eine gabelförmige Druckplatte abgestreift und auf dem Montagebasisteil plaziert. Die Endstellungen des Schwenkarmes werden durch Festanschläge vorgegeben.

Die folgenden Beispiele sollen die Vielfalt der konstruktiven Ausführungsmöglichkeiten von Zuteilern zeigen.

Das Bild 3.18a läßt deutlich die Ablaufstufen beim Zuteilen erkennen: Abteilen eines Fügeteils, dann Senkrechthub bis zur Zielposition. Bei der Lösung nach Bild 3.18c

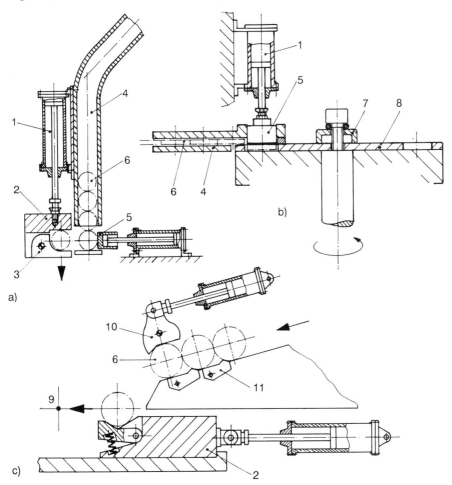

Bild 3.18: Zuteiler und Eingeber für Werkstücke

a) Schieberzuteiler mit Eingeber, b) Zuteiler kombiniert mit Drehteller, c) Schwenksegmentzuteiler, 1 Druckluftzylinder, 2 Eingeber, 3 Halteklinke, 4 Zuführschacht, 5 Schieberzuteiler, 6 Werkstück, 7 Überlastkupplung, 8 Drehteller, 9 Spannstelle oder Montagestelle der Arbeitsmaschine, 10 Abteilelement, 11 ungesteuerte Rückhalteklinke

ist die Eingebevorrichtung mit einem nachgiebigen Prisma ausgestattet. Wird in der Position 9 z.B. ein Waagerecht-Fügevorgang ausgeführt, dann kann sich das Teil etwas nach den Fügeachsen ausrichten. Andere Vorschläge für nachgiebige Basisteilauflagen sind in Bild 3.139 zu sehen.

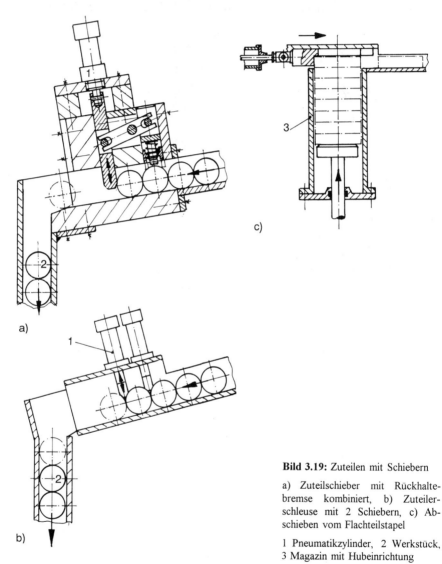

Bild 3.19: Zuteilen mit Schiebern

a) Zuteilschieber mit Rückhaltebremse kombiniert, b) Zuteilerschleuse mit 2 Schiebern, c) Abschieben vom Flachteilstapel

1 Pneumatikzylinder, 2 Werkstück, 3 Magazin mit Hubeinrichtung

Übliche Zuteilerkonstruktionen sind in Bild 3.19 dargestellt. Pneumatikzylinder sorgen für die notwendige Abteilwirkung. Nachfolgende Werkstücke können vorübergehend geklemmt werden. Auch die Variante mit 2 Schiebern (Bild 3.19b) ist in Gebrauch und sehr einfach zu realisieren. Jedoch muß in diesem Fall der Werkstückdurchmesser größer sein als der kleinstmögliche Abstand zweier Pneumatikzylinder. Auf die Kolbenstange sind Formdrehteile aufgeschraubt, die zwischen die Werkstücke greifen. Inzwischen gibt es Schleusenzuteiler mit pneumatischem Antrieb handelsüblich. Es sind dann lediglich den Werkstückabmessungen angepaßte Anschlagplatten anzusetzen.

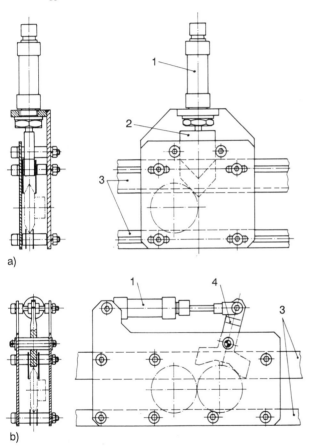

Bild 3.20: Zuteiler für rollfähige Werkstücke (SPICHER)

a) Sperrschieber, b) Schwenkzuteiler

1 Druckluftzylinder, 2 Keilschieber, 3 Rollbahn aus Federbandschienen, 4 Zuteiler

Flachteile, auch solche mit geringer Höhe bis herunter zur Kartonstärke, lassen sich mit Flachschieber vom Stapel zuteilen. Das zeigt Bild 3.19c. Ein Druckkolben sorgt für die erforderliche Anpreßkraft des Stapels. Ein gewisser Nachteil besteht darin, daß bei kurzzyklischem Betrieb eine kontinuierliche Zuführung nicht gewährleistet ist, weil zum Nachladen des Magazins die Druckstange zurückgefahren und das Magazin geöffnet werden muß. Ein Schnellwechsel ist mit Wechselkassetten erreichbar, die außerhalb der Maschine aufgefüllt werden können.

Einfache Zuteiler für rollfähige Teile, die in einer gedeckten Rollbahn laufen, werden in Bild 3.20 gezeigt. Einmal handelt es sich um einen bloßen Sperrschieber, der ein Teil auf ein Signal hin freigibt. Die Teile müssen hier bereits einzeln laufen. Zum anderen ist ein Schwenkzuteiler dargestellt, der das Vereinzeln ausführt. Damit die Teile von selbst weiterlaufen, ist eine Rollbahnschräge von mindestens 6° vorzusehen (Höchstneigungswinkel für reines Rollen: 17° bei Vollzylindern, 11° bei Ringen). Die Schienen der Rollbahn bestehen übrigens aus gelochtem Federbandstahl, der auch zu Krümmungen gebogen werden kann. Hat die Bahn beim Verlegen die erforderliche Krümmung angenommen, dann werden Distanzbuchsen, Federbandschienen und Gestellteile gemeinsam verschraubt. Das ergibt dann einen stabilen Rollkanal.

Die Funktion des Zuteilers nach Bild 3.21 läßt sich wie folgt beschreiben:

Ein Druckluftzylinder preßt einen Ring in ein Basisteil. Beim Rückhub wird ein Sperrbolzen gelüftet, der das nächste Fügeteil freigibt. Dieses wird durch die Kraft nachrückender Werkstücke aus einer Zuführrinne bis zum Anschlag geschoben. Nun beginnt der neue Preßhub des Zylinders, wobei gleichzeitig der Sperrbolzen wieder in das nächste Werkstück eintaucht. Der Vorteil dieser Lösung besteht darin, daß durch mechanische Verkopplung von Aktionen Steuerelemente eingespart werden.

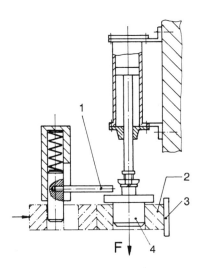

Bild 3.21: Zuteilen und Fügen von Ringen

1 Sperrbolzenhebel, 2 Werkstück, 3 Anschlag, 4 Preßdorn

Das in Bild 3.22 vorgestellte Beispiel zeigt, wie ein zugeteiltes Werkstück sofort von einem Schwenkarm mit Greifer aufgenommen wird. Dieser bewegt das Teil zur Fügestelle, die auf dem Flugkreis des Greifermittelpunkts liegen muß. Trotz Zahnspiel im Übertragungsmechanismus genügt die Vorrichtung für viele Anwendungen, weil der Arm gegen einstellbare Festanschläge gefahren wird. Für das Öffnen des Greifers ist eine nicht mit dargestellte Feder zuständig.

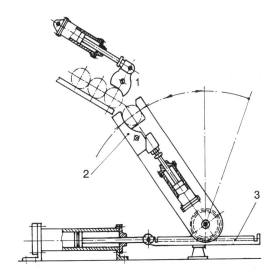

Bild 3.22: Zuteilen und Eingeben in eine Arbeitsposition (FESTO)

1 Abteiler, 2 Greifer, 3 Zahnstange-Ritzel-Trieb

In Bild 3.23 wird ein Zuteiler gezeigt, der nicht nur das Vereinzeln mit Hilfe eines Schiebers durch Schwerkraftwirkung realisiert, sondern bei dem auch noch Druckluft eingeblasen wird, wenn der Zuteilschieber geschlossen ist. Die Druckluft wirkt dann in Richtung des Zuführschlauches und sorgt dafür, daß der Stift oder die Schraube einen Kraftimpuls erhält. Dadurch können diese Entfernungen bis zu 20 m zurücklegen. Am Zuteiler ist ein gefedertes Bremsstück angebracht, welches die Werkstücke stromaufwärts zurückhält. Es wird beim Bewegen des Zuteilschiebers in die geöffnete Position gelüftet. Es können Rohre oder besser durchsichtige Kunststoff-Schläuche für die Fortleitung der Montageteile stromabwärts verwendet werden.

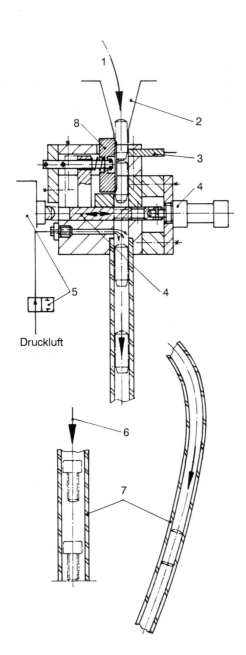

Bild 3.23: Zuteiler für Stifte oder Schrauben

1 Zuführung aus dem Bunker, 2 Einlauftrichter, 3 Anwesenheitssensor, 4 Zuteilschieber, 5 Ventil zum Anblasen des Zuführgutes bei geschlossenem Schieber, 6 Magazindurchlauf, 7 Zuführrohr oder Klarsicht-Kunststoffschlauch, 8 Bremse mit Feder

3.4 Transporteinrichtungen

Unter Transporteinrichtung werden hier alle Einrichtungen verstanden, die dazu dienen, Montageträger mit den Basisteilen von Montageplatz zu Montageplatz bzw. -station zu bringen. Es werden nur einige ausgewählte Lösungen gezeigt. In der Praxis findet man noch viele andere Lösungen.

Wichtige Funktionen, die mit den Transporteinrichtungen erfüllt werden, sind:

➔ Ortsveränderung mit Transfereinrichtungen, wie z.b. Doppelgurtsysteme oder Scheibenrollenbahnen,

➔ Stoppen bzw. Zuteilen der Montageträger in der Station bzw. davor auf Wartepositionen,

➔ Schnelleinziehen der Montageträger in die Montagestation, um Zeit einzusparen,

➔ Umlenken von Montageträgern in eine neue bzw. andere Fördereinrichtung mit Hilfe von Umlenkeinheiten und

➔ Heben, Senken, Wenden und Drehen von Werkstückträgern mit Hilfe spezieller Vorrichtungen, um den Anforderungen des Prozesses oder des Transportes genügen zu können.

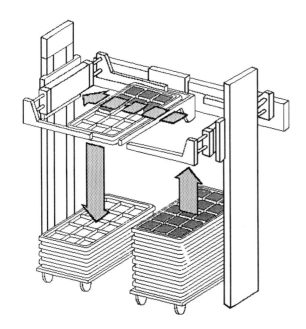

Bild 3.24: Automatische Depalettier- bzw. Palettierstation (GRÄSSLIN)

Transportoperationen sind aber auch zur Versorgung von Montageplätzen mit Fügeteilen erforderlich. Hier geht es meistens um die Handhabung von Werkstückträger-Magazinen (Flachpaletten). Stellvertretend wird für viele ähnliche Lösungen in Bild 3.24 eine Depalettierstation gezeigt. Eine Handhabeeinrichtung mit gabelförmigen Greifer hebt die gesamte Palette vom Stapel ab, präsentiert sie zeilenweise einer Entnahmeeinrichtung (Industrieroboter, Pick-and-Place-Einheit) und bildet einen neuen Stapel mit Leerpaletten.

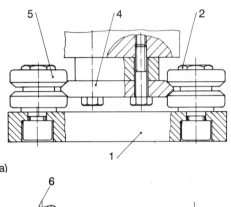

a)

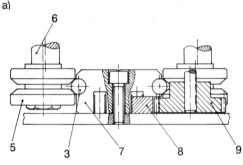

b)

Bild 3.25: Laufwagensysteme (INA, NADELLA, HEPCO u.a.)

a) Profillaufrollen und Prismentragschiene, b) Laufrolle und runde Tragschiene, 1 Wagenplatte, 2 Tragbolzen, 3 Tragkörper, 4 Schienenleiste, 5 einstellbare Profilrolle, 6 Exzenterbolzen zur Spieleinstellung, 7 Tragschiene, 8 Zahnschiene, 9 Antriebsritzel

Oft genügt der Transport von Werkstückträgern über kurze Strecken. Deshalb soll mit einer einfachen Lösung dafür begonnen werden.

Das Bild 3.25 zeigt stellvertretend für viele ähnliche Lösungen handelsübliche, vorgefertigte Komponenten für den Aufbau von wirtschaftlichen Laufwagensystemen. Die Laufwagen sind mit den Tragschienen vielfältig kombinierbar. In Verbindung mit Zahnstange-Ritzel-Getrieben lassen sich auch angetriebene Laufwagen gestalten. Kugelgelagerte Laufrollen werden hauptsächlich bei geringen Belastungen eingesetzt. Nadelgelagerte Rollen werden dort angewendet, wo große Kräfte oder Stöße aufzunehmen sind. Die Einstellung über Exzenterbolzen erlaubt den spielfreien Betrieb der Laufwagen.

In der Montage gibt es viele Verschiebeaufgaben, die mit Laufwagensystemen bewältigt werden können, z.B. manuell positionierbare Montagevorrichtungen, Prüfeinrichtungen oder die Bereitstellung von Werkstücken auf Systempaletten. Man kann ein solche System auch für die leichtgängige manuelle Weitergabe von Montageträgern einrichten. Am Montageplatz sollten dann Arretiervorrichtungen vorhanden sein.

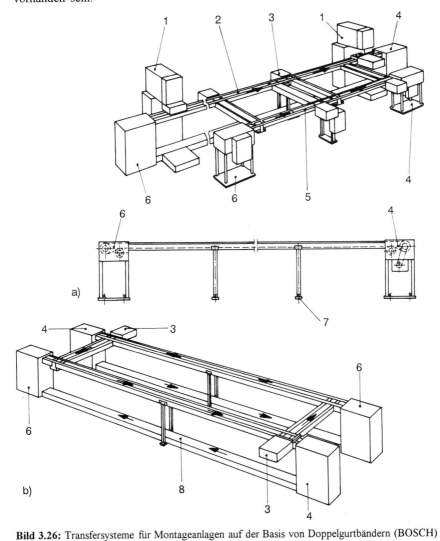

Bild 3.26: Transfersysteme für Montageanlagen auf der Basis von Doppelgurtbändern (BOSCH)
a) Hauptband mit Bypass-Strecken, b) Karree-Umlauf, 1 Liftstation für Werkstückträger, 2 Hauptband, 3 Überschieber, 4 Antriebsstation, 5 Parallelband, 6 Umlenkstation, 7 Stellschraube, 8 Gurtrücklauf

Weit verbreitet sind Doppelgurtsysteme, wie in Bild 3.26 gezeigt. Das ständig laufende Gurtsystem dient zur Weitergabe der Montageträger. In der Station werden diese vom Band abgehoben und dabei positioniert bzw. positioniert und gespannt. Der Rücklauf der Werkstückträger kann horizontal auf einer Gegenstrecke oder vertikal über eine tiefgelegte Rückführbahn realisiert werden. Die Transferstrecke kann mit manuellen Montageplätzen, teilautomatisierten Plätzen und vollautomatischen Stationen ausgestattet werden (siehe dazu auch Bild 3.146). Verzweigungen zum Karree-Umlauf, Bypass-Strecken oder Stichstrecken zur Zwischenspeicherung von Montageträgern sind möglich.

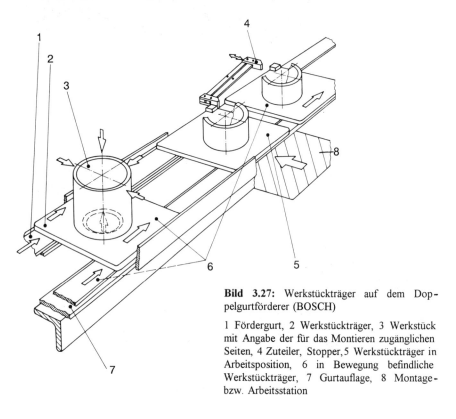

Bild 3.27: Werkstückträger auf dem Doppelgurtförderer (BOSCH)

1 Fördergurt, 2 Werkstückträger, 3 Werkstück mit Angabe der für das Montieren zugänglichen Seiten, 4 Zuteiler, Stopper, 5 Werkstückträger in Arbeitsposition, 6 in Bewegung befindliche Werkstückträger, 7 Gurtauflage, 8 Montage- bzw. Arbeitsstation

Das Anhalten der Montageträger wird durch steuerbare Zuteiler vorgenommen. Bei der Lösung nach Bild 3.27 greift ein Wippenzuteiler an Anschlägen an, die sich auf der Oberseite des Montageträgers befinden. Wird ein Montageträger freigegeben, so wird gleichzeitig der Lauf des nächsten Montageträgers gesperrt. Ein Vorteil des Doppelgurtsystems besteht darin, daß die Unterseite des Montagebasisteils stets zugänglich bleibt, wenn der Montageträger als Rahmen ausgebildet ist oder wenigstens Aussparungen aufweist.

Man kann auf der Förderstrecke keine Preßkräfte auf den Werkstückträger wirken lassen. Das halten Gestell und Fördergurt nicht aus. Deshalb ist bei der Lösung nach Bild 3.28 die Gleitauflage des Gurtes freigespart, so daß sich der Gurt etwas absenken kann. Die Preßkraft wird dann von einer starren Preßauflage aufgenommen. Andere Lösungen wären z.B. das Pressen von unten nach oben oder das Anheben des Werkstückträgers um einen geringen Betrag, so daß der Fördergurt frei laufen kann.

Das Bild 3.29 soll verdeutlichen, daß diese Transfersysteme die Montageträger zeitlich asynchron transportieren. Vor jeder Montagestation können sich deshalb Montageträger aufreihen, bis sie in die Station einlaufen dürfen.

Bild 3.28: Pressen auf dem Doppelgurtband (BOSCH)

1 Werkstück, 2 Fördergurt, 3 Werkstückträger, 4 Freiraum, 5 starre Preßauflage, 6 Bandauflage

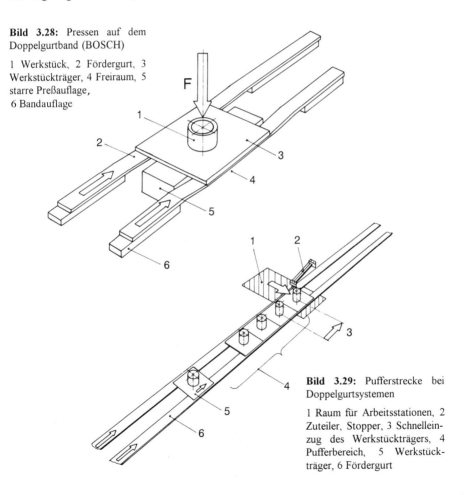

Bild 3.29: Pufferstrecke bei Doppelgurtsystemen

1 Raum für Arbeitsstationen, 2 Zuteiler, Stopper, 3 Schnelleinzug des Werkstückträgers, 4 Pufferbereich, 5 Werkstückträger, 6 Fördergurt

Für größere und schwerere Montagebasisteile kommt man mit Doppelgurtsystemen nicht mehr aus. Dafür haben sich u.a. Scheibenrollenbahnen bewährt. Das Bild 3.30 zeigt den Schnitt durch eine solche Transferstrecke.

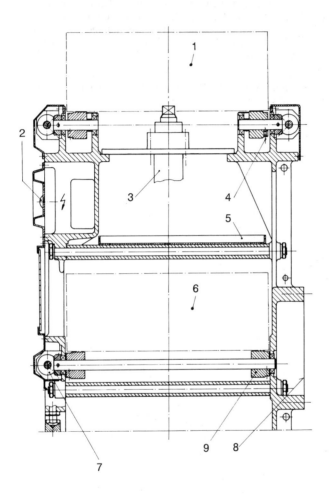

Bild 3.30: Schnitt durch eine asynchrone Transferlinie (VOLKSWAGEN)

1 Fördergut, 2 Taster für die Transportfreigabe, 3 Stopperzylinder, 4 Stiftschraube, 5 Auffangblech, 6 Fördergut auf der Rücklaufstrecke, 7 Kegelradantrieb, 8 Anschraubfläche für Montage- bzw. Arbeitsstationen, 9 Transportrolle

Das Bild 3.31 zeigt ausschnittweise die Förderstrecke für Werkstückträger. Diese laufen auf Scheibenrollen. Der Antrieb der Rollen wird durch eine seitliche Welle über Kegelradgetriebe besorgt. Da in Arbeitsstationen die Werkstückträger angehalten werden, bleiben die belasteten Rollen stehen. Um einer Überlastung der Antriebswelle aus dem Weg zu gehen, sind für jede Rollenwelle Reibungskupplungen eingebaut. Eine Gesamtabschaltung des Rollenganges ist nicht sinnvoll, weil ja andere Werkstückträger dann ungewollt stehen bleiben würden. Es ist aber möglich, eine Förderstrecke in Abschnitte einzuteilen und diese dann tatsächlich bedarfsweise abzuschalten.

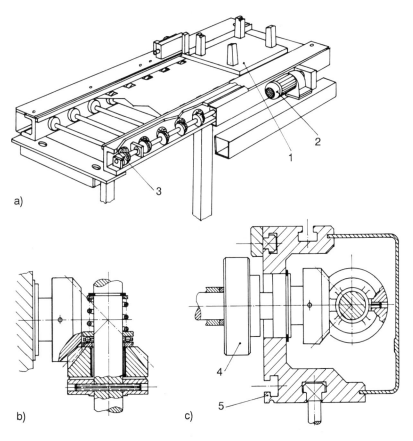

Bild 3.31: Werkstückträgersystem mit Scheibenrollengang (KRAUSE)

a) Gesamtansicht, b) Reibungskupplung, c) Schnitt durch die Antriebsseite, 1 Montageträger, Vorrichtung, 2 Elektromotor, 3 Kegelradgetriebe, 4 Reibrolle, 5 Gestell

Ein wichtiges Konstruktionselement sind die Stopperzylinder. Sie dienen in Transferanlagen zum Vereinzeln von Werkstückträgern und zum Anhalten in den Arbeitsstationen (Bild 3.32). Die Stopperbolzen sind besonders kräftig ausgebildet und nehmen als Ausgangslage die ausgefahrene Stellung ein. Man sieht auf dem Werkstückträger mehrere Formnester für mitgeführte Montageteile, die an den entsprechenden Montagestationen entnommen und gefügt werden.

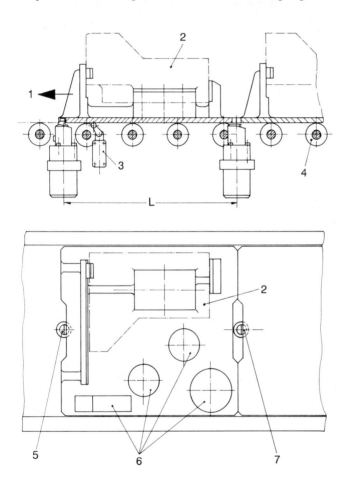

Bild 3.32: Stopperzylinder oder -magnete halten die Werkstückträger an.

1 Transportrichtung, 2 Montagebasisteil, 3 Taste zur Anwesenheitskontrolle, 4 Rollengang, Reibrollen über Kupplung angeschlossen, 5 ausgefahrener Stopperbolzen, 6 mitgeführte Montageteile, 7 zurückgezogener Stopperbolzen

Wenn die Montageträger in annähernd gleichgroßen Abständen laufen und immer gleiche Abmessungen haben, kann der Stopper in Zapfenausführung verwendet werden. Die Rückkehr des Zapfens in die Stopp-Position nach einer Freigabe wird so gesteuert, daß sie vor Ankunft des nächsten Montageträgers abgeschlossen ist. Das ist in Bild 3.33 zu sehen. Kommen die Montageträger zu unterschiedlichen Zeiten an und sind verschiedene Palettengrößen in Umlauf, dann muß der Stopper unmittelbar nach dem freigeben wieder nach oben fahren. Für diesen Fall gibt es Stopper mit oben angebrachter Anlaufrolle, so daß der die Station verlassende Montageträger darüber hinwegrollen kann.

Für die Auswahl der richtigen Stopper-Baugröße ist wichtig, ob stets nur ein Montageträger ankommt oder mehrere als Verband. Stoppen bedeutet, daß die gesamte kinetische Energie $E_{kin}= m \cdot v^2/2$ aufgenommen werden muß!

Die Montageträger nach Bild 3.33 sind rechteckige Platten. Man kann diese aber auch an den Stirnseiten mit Taschen versehen, in die dann ein Stopperanschlag eingreift. Auch bei dicht aufgereihten Montageträgern ist dann noch Platz für eine Anschlagnase (siehe Bild 3.32).

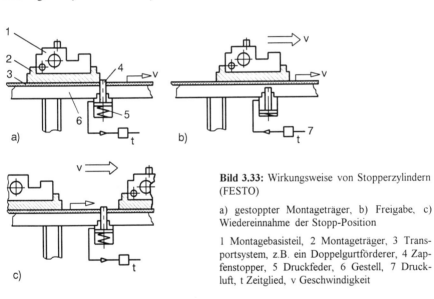

Bild 3.33: Wirkungsweise von Stopperzylindern (FESTO)

a) gestoppter Montageträger, b) Freigabe, c) Wiedereinnahme der Stopp-Position

1 Montagebasisteil, 2 Montageträger, 3 Transportsystem, z.B. ein Doppelgurtförderer, 4 Zapfenstopper, 5 Druckfeder, 6 Gestell, 7 Druckluft, t Zeitglied, v Geschwindigkeit

Man verwendet Stopper, die entweder magnetisch oder pneumatisch angetrieben werden (Bild 3.34). Bei Energieausfall und im Normalfall wird die Sperrstellung eingenommen. Da mehrere Werkstückträger mit ihren Basisteilen im Verband ankommen können, muß die Stößelführung ausreichend kräftig ausgebildet sein. Die Anschlagkante ist auf die Anschlagstelle des Werkstückträgers abzustimmen. Es gibt auch Stopper mit aufgesetztem Finger, wie in Bild 3.35 gezeigt. Damit läßt sich der Anschlagpunkt verlegen, wenn der Platz unter der Stoppstelle nicht verfügbar ist.

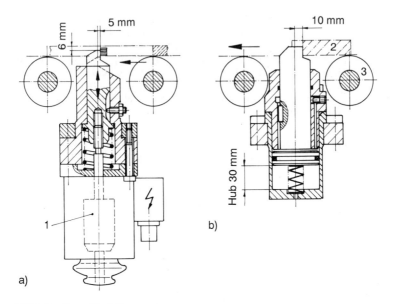

Bild 3.34: Stopp-Einrichtungen

a) Stopper mit Magnetantrieb, b) Stopperzylinder, 1 Magnetanker, 2 Werkstückträger, 3 Transportrolle

Eine Wippenkonstruktion für das Anhalten und Freigeben von Werkstückträgern wird in Bild 3.36 gezeigt. Beide Vorgänge werden hier sozusagen mechanisch synchronisiert. Der gesamte Mechanismus kann hier viel kräftiger ausgebildet werden, als es bei einem Stopp durch Punktberührung möglich wäre. Die Stellbewegung wird von einem pendelnd aufgehängten Druckluftzylinder ausgeführt. Nachteilig ist, daß der für Montagen von unten erforderliche Bauraum nur noch eingeschränkt zur Verfügung steht.

Um kurze Verweilzeiten der Werkstückträger in der Montagestation zu erreichen, versucht man Mechanismen einzusetzen, die das schnell ausführen Förderbandsysteme laufen oft recht langsam. Dafür gibt es z.B. Lösungen, bei denen eine Transportschnecke einen Zapfen erfaßt, der an der Unterseite des Werkstückträgers angebracht ist. Auch pneumatisch angetriebene Schlitten mit einem Backengreifer (Greifweite = Werkstückträgerlänge) werden benutzt. Das Bild 3.37 zeigt eine Lösung auf der Basis einer Kurbelschwinge. Die Schwenkbewegung wird auf einen Hubbalken übertragen. Dieser trägt Mitnehmernocken. Der Balken muß einen geringen Vertikalhub ausführen, damit die Nocken überhaupt an den Werkstückträger andocken können. Anstelle von Heben-Schieben gibt es auch Lösungen mit Drehen-Schieben. Die Nocken werden dann seitlich herausgedreht, wenn der Rückhub erfolgt.

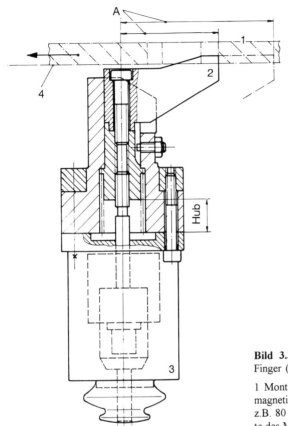

Bild 3.35: Stopper mit aufgesetztem Finger (VOLKSWAGEN)

1 Montageträger, 2 Finger, 3 elektromagnetischer Stopper, Maß A kann z.B. 80 oder 125 mm sein, 4 Unterseite des Montageträgers

Montageträger für schwere Baugruppen werden durch Drehstationen oder Kegelrollenbögen in die neue Richtung umgelenkt. Für leichtere Produkte und Baugruppen sind noch viele andere Lösungen in Anwendung. Das Bild 3.38 zeigt eine unvollständige Auswahl. Je einfacher die Lösung, umso kostengünstiger die Realisierung. Hub-Förder-Einheiten, deren Bewegungen ja außerdem noch gesteuert werden müssen, sind aufwendiger als eine Führungsnut mit 90°-Bogen. Beim Einsatz muß man beachten, ob die Montageträger ihre Kompaßrichtung beibehalten (z.B. wie in Bild 3.38i) oder ob sie sich immer mit der Vorderseite in Förderrichtung bewegen, wie z.B. in Bild 3.38a. Die Beibehaltung der Kompaßrichtung hat bei einem Karree-Umlauf den Vorteil, daß jede Rundumfläche des Objekts einmal von außen zugänglich wird.

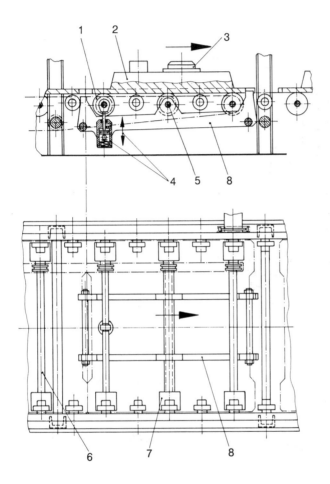

Bild 3.36: Vorrichtung zum Stoppen und Zuteilen von Werkstückträgern

1 Kettenrad, 2 Werkstückträger, 3 Montagebasisteil, Montageteil, 4 Hubzylinder für die Schwenkbewegung der Wippe, 5 Wippendrehpunkt, 6 Rollengangachse, 7 Rutschkupplung, 8 Wippe

Montageträger müssen nicht nur in der Ebene bewegt werden, sondern auch vertikal. Das kommt vor, wenn diese auf eine darüber oder darunter laufende Rückführbahn gebracht werden müssen. Manchmal werden sie auch in paternosterähnlichen Magazinen gespeichert. Dazu sollen einige Lösungen vorgestellt werden.

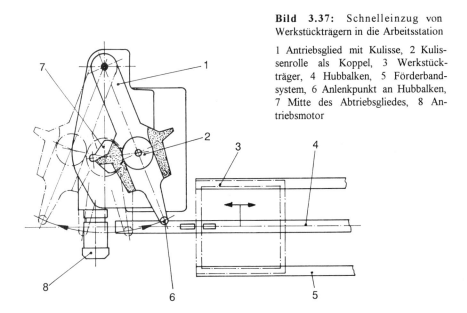

Bild 3.37: Schnelleinzug von Werkstückträgern in die Arbeitsstation

1 Antriebsglied mit Kulisse, 2 Kulissenrolle als Koppel, 3 Werkstückträger, 4 Hubbalken, 5 Förderbandsystem, 6 Anlenkpunkt an Hubbalken, 7 Mitte des Abtriebsgliedes, 8 Antriebsmotor

In Bild 3.39 ist ein Hubsystem dargestellt, bei dem die Hubplattform mit angetriebenen Rollen zum Ein- und Ausfahren der Montageträger ausgestattet ist. Die Hubbewegung erzeugt ein hydraulischer Arbeitszylinder.

Das Bild 3.40 zeigt eine Liftstation, wie sie am Anfang und Ende einer Montagelinie erforderlich ist, um die Werkstückträger von der Arbeitsstrecke zur Rücklaufstrecke zu bringen und umgekehrt. Die Reibrollen des Rollenganges werden über kurze Rollenketten von Doppelkettenrad zu Doppelkettenrad übertragen. Hier erfolgt die Hubbewegung elektromotorisch über eine Kugelrollspindel, kontrolliert von Endlagentastern. Auch hier werden die Rollen des Rollenganges angetrieben.

Prinzipiell sind aber auch Rollengänge ohne Antrieb möglich. Dann geschieht die Weitergabe der Montageträger durch Schieben von Hand. Eine Liftstation bei der wenigstens die Hubplattform nicht angetriebene Rollen hat, wird in Bild 3.41 dargestellt. Das Ein- und Ausfahren in der Liftstation wurde hier vereinfacht. Durch Schrägstellung rollen die Montageträger fast von allein in die Endstellung. Beim Ausgeben fährt das Rollengang-Segment gegen einen Anschlag und kommt dadurch in eine entgegengesetzte Schräglage. Die Montageträger gelangen so auf die Rücklaufbahn. Bei der Liftstation am anderen Ende der Strecke sind die Winkel für die Auf- und Abrollschräge umgekehrt einzustellen (Bild 3.41). Das Hubsystem ist mit einem Schutzgitter verkleidet.

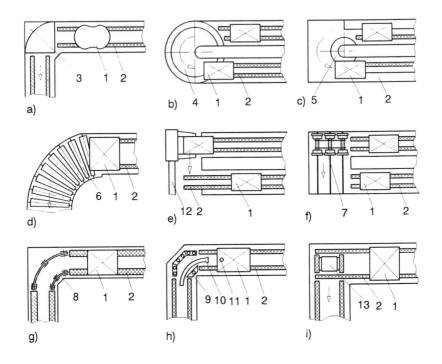

Bild 3.38: Lösungen für die Eckenumlenkung von Montageträgern [11]

a) Führungsschablone, b) Vollschleppteller, c) Halbauflage-Schleppteller, d) Kegelrollenbogen, e) Querhub mit Greifersystem, f) Bordrollensatz mit Motorrollen, g) Rundriemenbogen, h) Nutkurvenführung, i) Hub-Querförderer, 1 Montageträger, 2 Gurtförderer, 3 Führungsschablone, 4 Drehteller, 5 Innenrand-Drehteller, 6 Kegelrolle, 7 Bordrolle, angetrieben, 8 Rundriemen, 9 Kugelrollstück, 10 Nutkurve, 11 Führungszapfen, untenliegend, 12 Schiebeeinrichtung, 13 Hub-Förder-Einheit

Manchmal müssen Montageträger auch nur angehoben werden, damit die Montagebasisteile von unten besser zugänglich sind. Eine solche Station zeigt Bild 3.42. Die Baugruppe kann z.B. auch gegen eine darüber angeordnete Prüfvorrichtung gehoben werden. Das Heben geschieht hydraulisch. Der Montageträger wird beim Abheben über Zentrierbolzen genau ausgerichtet. Nach der Operation wird er wieder auf der Transferstrecke abgesetzt. Auch bei Einpreßvorgängen ist das Abheben von der Transferstrecke wegen der auftretenden Kräfte erforderlich.

Einfache Liftsysteme, die teilweise auch handelsüblich sind, werden in Bild 3.43 dargestellt.

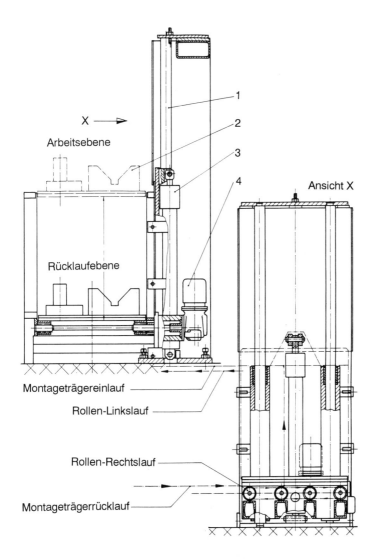

Bild 3.39: Hub- und Absenkstation für Montageträger an einer Reibrollen-Transferstrecke (VOLKSWAGEN)

1 Führungsholm, 2 Lagesicherungselemente auf dem Montageträger, 3 hydraulischer Hubzylinder, 4 Getriebemotor für Rollengang, umschaltbar

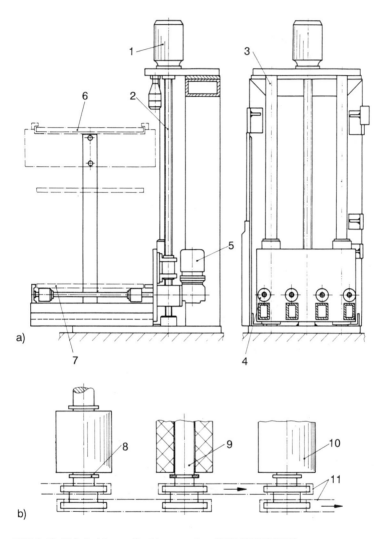

Bild 3.40: Hubeinrichtung für Montageträger (VOLKSWAGEN)

a) Liftstation am Ende einer Montagelinie, b) Antrieb des Rollenganges über Kettenläufe, 1 Hubmotor, 2 Kugelrollspindel, 3 Säulenführung, 4 Rolle, 5 Rollengangmotor, 6 Werkstückträger auf der Förderstrecke, 7 Rücktransport der Montageträger, 8 Sicherungsring, 9 Welle, 10 Rolle, 11 Rollenkette, 12 Endtaster

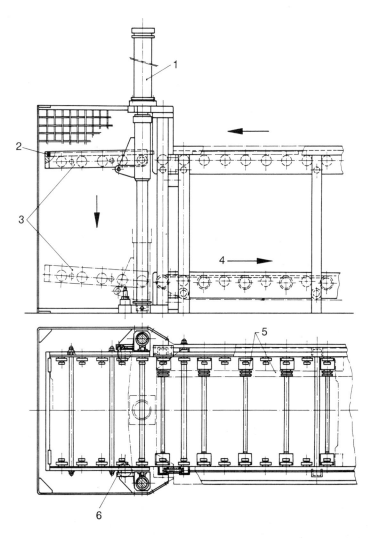

Bild 3.41: Reibrollen-Förderstrecke für größere Montageträger mit Umsetzen derselben auf eine untenliegende Rücklaufbahn

1 Arbeitszylinder für den Liftvorgang, 2 Anschlag, 3 kippbares Rollengang-Segment, 4 Rücklaufrichtung, 5 Kettentrieb und Rutschkupplung, 6 einstellbarer Anschlag für die Schrägstellung des Rollengangsegments

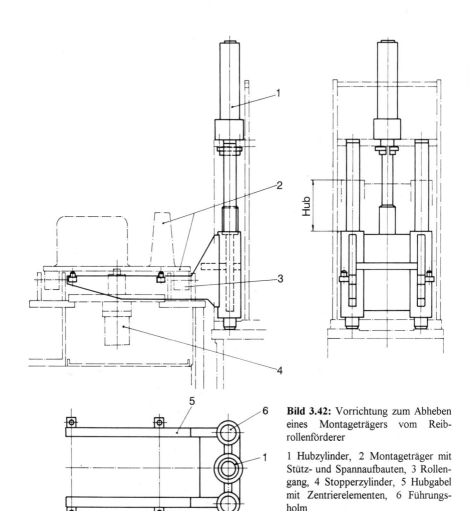

Bild 3.42: Vorrichtung zum Abheben eines Montageträgers vom Reibrollenförderer

1 Hubzylinder, 2 Montageträger mit Stütz- und Spannaufbauten, 3 Rollengang, 4 Stopperzylinder, 5 Hubgabel mit Zentrierelementen, 6 Führungsholm

Normalerweise sind die Basisteile auf dem Montageträger fest aufgespannt. Das Bild 3.44 zeigt dagegen eine Variante, bei der das Basisteil nur bei Bedarf gespannt wird, also in der Bearbeitungs- bzw. Montagestation. Beim Einlaufen in die Station wird das Spannen durch eine fest angebrachte Auflaufschiene erzeugt. Im nichtgespannten Zustand kann man die Baugruppe z.B. für Sichtkontrollen und Justiervorgänge von Hand entnehmen. Spannen und Entspannen geschehen automatisch während des Durchlaufs.

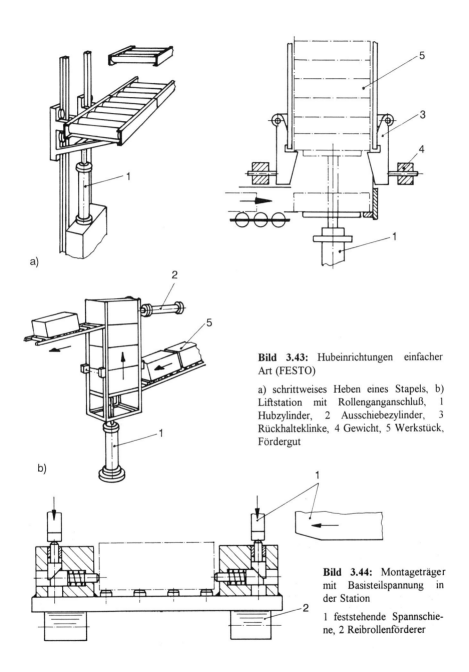

Bild 3.43: Hubeinrichtungen einfacher Art (FESTO)

a) schrittweises Heben eines Stapels, b) Liftstation mit Rollenganganschluß, 1 Hubzylinder, 2 Ausschiebezylinder, 3 Rückhalteklinke, 4 Gewicht, 5 Werkstück, Fördergut

Bild 3.44: Montageträger mit Basisteilspannung in der Station

1 feststehende Spannschiene, 2 Reibrollenförderer

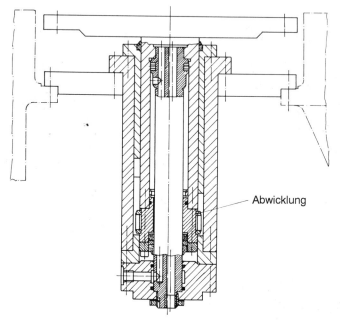

Abwicklung

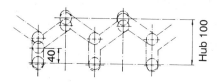

Abwicklung der Mantelkurve

Bild 3.45: Hub-Drehvorrichtung für Montageträger

(VOLKSWAGEN)

Als nächstes folgen einige Vorrichtungen zum Ausheben, Drehen und Wenden von Montagebaugruppen. In Bild 3.45 ist eine Vorrichtung zu sehen, die in Transportsystemen einen Montageträger vom Rollengang oder vom Doppelgurt anhebt und dann um z.B. 90° dreht. Beim Rückhub der Tragplatte erfolgt wiederum eine Drehung im gleichen Drehsinn. Diese fortlaufende Drehung wird durch eine Mantelkurve erreicht, in der sich der Zylinder (Kolbenstange steht fest) bewegt. In dieser Nutkurve laufen Rollen, die am Hubzylinder angebracht sind. Man wird solche Dreheinheiten einsetzen, wenn das Basisteil in der nächsten Station eine andere Orientierung haben muß. Man kann auch in der Station selbst drehen, wenn z.B. mehrere gleiche Montageoperationen nacheinander erledigt werden müssen, die symmetrisch zur Drehmitte liegen.

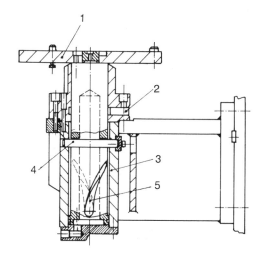

Bild 3.46: Vorrichtung zum Ausheben von Werkstückträgern und Drehen um 90° (VOLKSWAGEN)

1 Hub-Drehplatte, 2 Schmierung, 3 Zylinder, 4 Stift, 5 Nutkurve

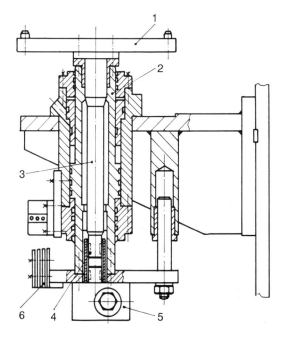

Bild 3.47: Hubvorrichtung zum Ausheben eines Werkstückträgers innerhalb einer Montagelinie (VOLKSWAGEN)

1 Hub-Drehplatte, 2 Hubkolben, 3 Drehachse, 4 Hülsenkupplung, 5 Dreheinheit, 6 Steuernocken

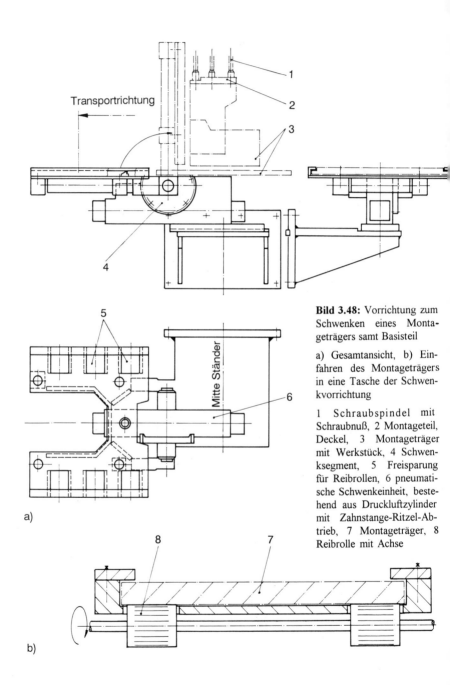

Bild 3.48: Vorrichtung zum Schwenken eines Montageträgers samt Basisteil

a) Gesamtansicht, b) Einfahren des Montageträgers in eine Tasche der Schwenkvorrichtung

1 Schraubspindel mit Schraubnuß, 2 Montageteil, Deckel, 3 Montageträger mit Werkstück, 4 Schwenksegment, 5 Freisparung für Reibrollen, 6 pneumatische Schwenkeinheit, bestehend aus Druckluftzylinder mit Zahnstange-Ritzel-Abtrieb, 7 Montageträger, 8 Reibrolle mit Achse

Die in Bild 3.46 dargestellte Vorrichtung hebt den Werkstückträger von der Förderstrecke ab und dreht ihn um 90°. Der Drehwinkel wird am Ende des Hubes erreicht. Beim Rückhub wird auch der Werkstückträger wieder zurückgedreht. Beim Abhub greifen Fixierstifte in den Boden des Werkstückträgers ein. Die Drehbewegung wird durch eine Mantelkurve in einem Hohlzylinder erzeugt.

Bei der Hub-Drehvorrichtung nach Bild 3.47 sind die Bewegungen Heben und Drehen nicht mechanisch verkoppelt. Deshalb sind zwei Antriebe nötig, ein Hubzylinder und eine Dreheinheit, z.B. ein pneumatischer Drehflügelmotor. Eine einmal ausgeführte Drehung kann zurückgenommen werden, muß aber nicht.

In Bild 3.48 wird eine Schwenkeinrichtung gezeigt, die große Basisteile in eine neue Arbeitslage schwenken kann, z.B. um an einer bisher schlecht zugänglichen Fläche montieren zu können. Der Werkstückträger läuft in die zur Tasche ausgebildete Schwenkplatte und wird dann entgegen der Förderrichtung hochgeschwenkt. Nach der Montage erfolgt das Zurückschwenken. Die zu- und wegführende Scheibenrollen-Förderstrecke ist nicht mit dargestellt.

3.5 Schraubwerkzeuge

Die Schraubtechnik besitzt in der Montage eine Schlüsselstellung. Ihre dominierende Rolle resultiert aus der Automatisierbarkeit, der Lösbarkeit und der Wiederverwendbarkeit bei der Instandhaltung. Für das Zuführen der Schrauben an die Schraubstelle einschließlich der Ordnungs- und Prüfvorgänge gibt es heute eine ausreichende Vielfalt an Lösungen und käuflichen Komponenten. Dieser Abschnitt kann nur eine kleine Auswahl sein. Es geht vor allem um die Schraubwerkzeuge wie

→ Schraubenzuführung,
→ Schlüsselköpfe und Schraubendreherklingen,
→ Schraubervorsatzgeräte und
→ Antriebe sowie Spindelvorschub.

Eine Schraubeinheit hat normalerweise folgende Funktionen zu erfüllen:

→ Aufbewahren und geordnetes Bereitstellen von Schrauben,
→ Zuteilen der Schrauben und Festhalten im Mundstück,
→ Positionieren des Schraubers in der Fügeposition und
→ Schraube eindrehen und Parameter des Schraubvorgangs erfassen.

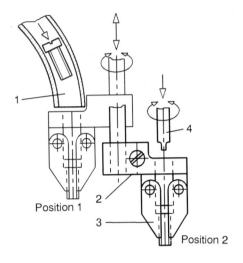

Bild 3.49: Schwenkmundstück mit Fallrohr-Schraubenzuführung (SORTIMAT)

1 Fallrohr, 2 Vorschubspindel, 3 Mundstück, 4 Schraubendreherklinge

Ein Schrauber setzt sich aus folgenden aufeinander abgestimmten Baugruppen zusammen:
→ Motor (Drehmoment),
→ Umschaltgetriebe,
→ Getriebe (Übersetzungsverhältnis, Drehmoment),
→ Meßwertgeber, Adapter (Drehmoment, Schraubtiefe),
→ Abtriebe (gerade, versetzt, Vorschubantrieb, Winkelkopf, Sonderabtrieb) und
→ Werkzeug (Schraubernuß, -einsatz).

Drehmomentgeber müssen eine Genauigkeit und Reproduzierbarkeit von < 0,5% aufweisen. Bei indirektem Meßprinzip mißt der Meßwertaufnehmer die Verdrehung der Gehäusewand des Meßwertgebers. Bei der direkten Messung (Dehnungsmeßstreifen, Piezokeramik, Wirbelstromaufnehmer) wird die Verdrehung der Welle des Meßwertgebers gemessen.

Eine Schrauberlösung bei der das Mundstück an eine Vorschubspindel montiert ist, wird in Bild 3.49 gezeigt. Beim Rückhub des Mundstücks aus der Fügeposition 2 in die Ladeposition 1 schwenkt die Spindel zum Fallrohr und eine zugeteilte Schraube kann einfallen. Der Fallvorgang wird zum schnelleren und sicheren Einführen der Schrauben in das Mundstück häufig durch Druckluft unterstützt. Die Schrauben werden aus einem Vibrationswendelbunker oder einem Schwenksegmentförderer zugeführt.

Das Bild 3.50 zeigt eine Schraubteilzuführung, die sich sehr bewährt hat und seinerzeit von der Firma Weber-Schraubtechnik entwickelt wurde. Die Funktion ist auch bei kleinen Schrauben bis herunter zu M1 gesichert. Beim Niedergang des Schraubendrehers wird das Zuführrohr von diesem beiseite gedrückt. Noch während des Eindrehens der Schraube kann bereits die nächste zugeteilt werden. Sie nimmt fast an der Wirkstelle eine Parkposition ein und ist deshalb beim nächsten Schraubzyklus sofort verfügbar.

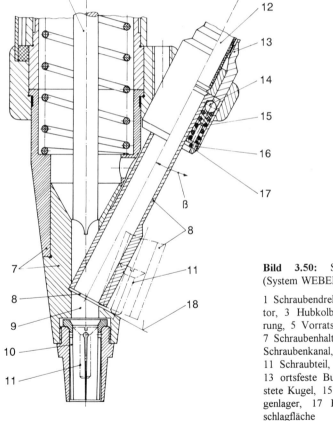

Bild 3.50: Schraubteilzuführung (System WEBER)

1 Schraubendreher, 2 Druckluftmotor, 3 Hubkolbeneinheit, 4 Steuerung, 5 Vorratsbehälter, 6 Zuteiler, 7 Schraubenhalter, 8 Zuführrohr, 9 Schraubenkanal, 10 Spannelement, 11 Schraubteil, 12 Zuführschlauch, 13 ortsfeste Buchse, 14 federbelastete Kugel, 15 Feder, 16 Federgegenlager, 17 Federring, 18 Aufschlagfläche

Das Bild 3.51 zeigt eine Bereitstelleinrichtung für Schrauben. Diese laufen per Vibrationsförderer in einen Klemmgreifer. Der Greifer schwenkt dann direkt unter die Schrauberspindel. Unter der Schraube befindet sich die zu verschraubende Montageeinheit. Nach dem Anfädeln der Schraube werden die Greiferbacken geöffnet. Nach dem Schrauben taktet die Montageeinheit zur nächsten Schraubstelle weiter. Die Schraube wird also vom Zuteilen bis zum Einschrauben in definierter Lage gehalten und ist keinen Moment sich selbst überlassen.

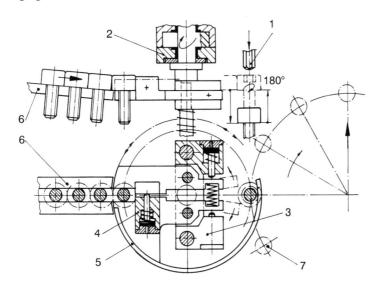

Bild 3.51: Vorrichtung zum automatischen Bereitstellen von Schrauben für einen Schraubvorgang

1 Schrauber mit Innensechskantschlüssel, 2 Drehflügelmotor mit 180° Drehung, 3 Zylinder zum Öffnen der Greifbacken, 4 Zylinder zum Öffnen der Klemmbacken für die Schrauben nach dem Einlaufen, 5 Sperrkante, 6 Schwingrinne, 7 Schraubbild der Montagebaugruppe

Der Erfolg automatischen Schraubens hängt auch ganz wesentlich von der Qualität der Schrauben ab. Schrauben mit versetztem Kopf, die dann im Mundstück schräg sitzen (Bild 3.52), führen eine kreisende Bewegung aus, was das Anfädeln und Einschrauben verhindern kann. Kreuzschlitzschrauben haben demgegenüber den Vorteil, daß die eingeführte Schraubendreherklinge zentrierend auf die Schraube wirkt.

In Bild 3.53 werden zwei Lösungen für Schraubenanziehspindeln gezeigt. Die Schraubköpfe sind gefedert, so daß der Schraubkopf auf eine festeingestellte Position abgesenkt werden kann. Versetzte Lageranordnungen erlauben beim Doppelschrauber enge Achsenabstände. Vom Konstrukteur eines Produkts muß verlangt werden, daß er die Achsabstände im Schraubbild so wählt, daß automatische Zuführ- und

Schraubenanziehvorrichtungen einsetzbar sind. Die Schraubernüsse sind mit der Spindel über einen Stift verbunden. Ein Sicherungsring bewahrt den Stift vor dem Herausfallen.

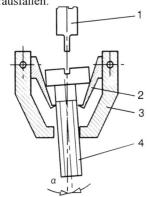

Bild 3.52: Fluchtungsfehler zwischen Schraubenkopf, Gewindeschaft und Mundstück können zu Störungen führen.

1 Schraubendreherklinge, 2 Spannfeder, 3 klappbares Führungsstück, 4 Schraube mit achsversetztem Schraubenkopf

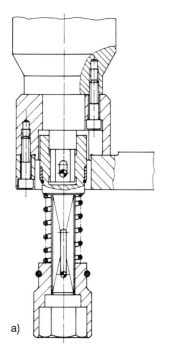
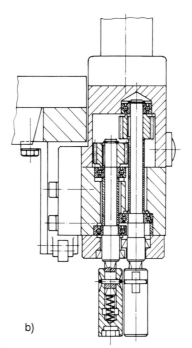

a) b)

Bild 3.53: Schraubenanzieheinrichtungen

a) gefederter Schlüsselkopf für Sechskantschrauben und größere Drehmomente, b) Doppelschraubkopf mit engem Abstand der Schraubachsen

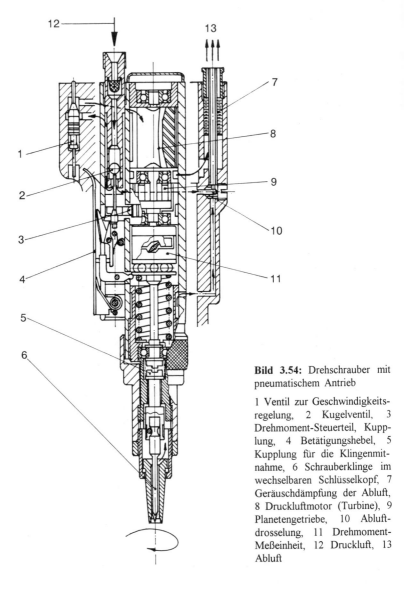

Bild 3.54: Drehschrauber mit pneumatischem Antrieb

1 Ventil zur Geschwindigkeitsregelung, 2 Kugelventil, 3 Drehmoment-Steuerteil, Kupplung, 4 Betätigungshebel, 5 Kupplung für die Klingenmitnahme, 6 Schrauberklinge im wechselbaren Schlüsselkopf, 7 Geräuschdämpfung der Abluft, 8 Druckluftmotor (Turbine), 9 Planetengetriebe, 10 Abluftdrosselung, 11 Drehmoment-Meßeinheit, 12 Druckluft, 13 Abluft

Das Bild 3.54 zeigt das Innenleben eines Schraubers mit pneumatischem Antrieb. Die Druckluft wird über den Betätigungshebel zugeschaltet, passiert den Geschwindigkeitsregler (Ventil), durchläuft den Motor und tritt über den Geräuschdämpfer wieder aus. Die Motorleistung wird über ein Planetengetriebe gewandelt und auf einen Gelenkhebelmechanismus mit Drehmoment-Steuerteil übertragen. Das Drehmoment setzt sich bis zur Schrauberklinge fort, wobei eine Kupplung zwischengeschaltet ist und das Drehmoment gemessen wird. Dieses läßt sich von außen auf einer Skala einstellen. Ist das Drehmoment erreicht, betätigt die Drehmoment-Meßeinheit das Stoppventil (Kugelventil) und unterbricht damit die Luftzufuhr zum Motor. Gleichzeitig löst eine Kupplung die Verbindung zum Planetengetriebe, so daß Nachwirkungen durch das Massenträgheitsmoment unterbleiben. Die Drehzahl läßt sich stufenlos am Reglerventil einstellen, wobei sich das geleistete Drehmoment aber nicht verändert.

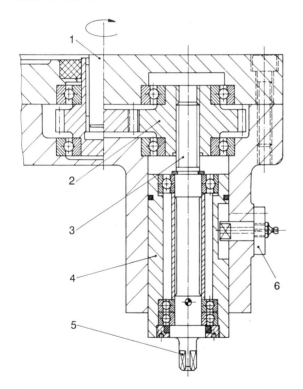

Bild 3.55: Schraubdrehkopf mit Spindelvorschub

1 Antriebswelle, 2 Zahnrad mit Spindelmutter, 3 Gewindespindel, 4 Vorschubpinole, 5 Ansatz für Schraubernuß, 6 Schmiernippelanschluß

Ein Schraubdrehkopf mit Spindelvorschub wird in Bild 3.55 dargestellt. Die Einheit fährt bis zur Schraubstelle vor. Dann arbeitet die Schraubspindel. Ein Zahnrad mit Spindelmutter schraubt die Spindel heraus. Damit sich die Vorschubpinole nicht mit

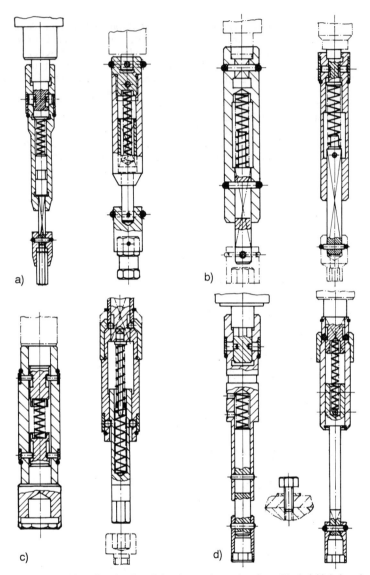

Bild 3.56: Schlüsselköpfe für Schrauber mit senkrechter Nachgiebigkeit über Druckfedern (VOLKSWAGEN)

a) Kopf für Sonderschraubteile, b) Schraubnüsse für Sechskantschrauben, c) Schraubkopf für Innensechskantschrauben, d) problemangepaßte Schlüsselköpfe

dreht, ist sie gegen Verdrehen gesichert. Nach dem Eindrehen der Schraube fährt die Einheit zurück und die Spindel wird wieder zurückgedreht, d.h. die Pinole eingefahren.

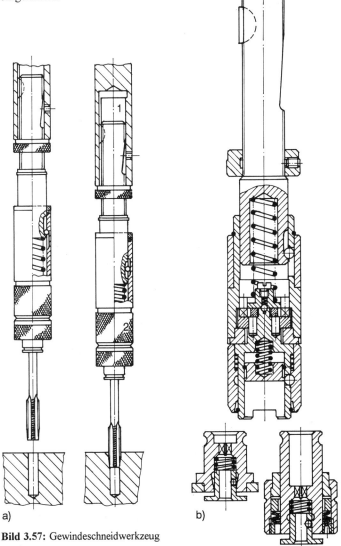

Bild 3.57: Gewindeschneidwerkzeug
a) Maschinengewinde-Bohrfutter (BILZ), b) Wechseleinsätze, 1 Antriebsspindel, 2 Wechselfutter

Verschiedene Ausführungen von Schlüsselköpfen werden in Bild 3.56 gezeigt. Alle Schraubköpfe sind abgefedert und auswechselbar.

Der Aufbau von Gewindeschneidwerkzeugen ist in Bild 3.57 zu sehen. Beide Ausführungen haben bezüglich des Längshubes eine Lastsperre.

In Bild 3.58 werden Schrauberspindeln in ihrem Aufbau gezeigt. Es lassen sich folgende Vorteile für diese Konstruktionen angeben:

→ schlanke Bauweise,
→ separater Antrieb für jede Schraubspindel,
→ separate Drehmomentabfrage für jede einzelne Spindel innerhalb eines Schraub‐ bildes.

In Bild 3.59 wird der Schraubzyklus für die Montage von Stiftschrauben dargestellt. Die Schraubpatrone schraubt sich zuerst auf die bereitgehaltene Stiftschraube. Dann beginnt das Eindrehen. Eine mitbewegte Schaltstange bewirkt ein Signal, wenn die geplante Einschraubtiefe erreicht ist. Es beginnt der Rückhub. Eine Feder im Schraubkopf kann nun wirksam werden, worauf sich die Patronenbacken öffnen. Damit ist die Verbindung gelöst und die Schraubeinheit kann in die Ausgangsstellung zurückkehren. Weitere konstruktive Lösungen zum Setzen von Stiftschrauben sind in Bild 3.60 enthalten. Die Lösung unter a) ist eine vereinfachte billigere Variante zur Lösung b).

Für Schrauboperationen werden handelsübliche Schrauber verwendet. Sie sind sowohl als Kompaktgeräte erhältlich, als auch im Baukastensystem. Das Bild 3.61 zeigt eine Übersicht über ein Schraubersystem, das durch Vorsatzgeräte und Erweiterungen dem Anwendungszweck sehr weitreichend angepaßt werden kann.

Nicht immer kann man mit einem fertigen Schrauber jede Schraubstelle erreichen. Deshalb wurden verschiedene Schraubervorsatzgeräte entwickelt (Bild 3.62). Das Bild 3.62a zeigt eine Vorrichtung mit zweiseitigem Abtrieb. Damit kann der Vorsatz für das Anziehen und Lösen verwendet werden. Der in Bild 3.62c gezeigte Stufenabtrieb ist mit einer Sperrklinke komplettiert, die das Drehen in die falsche Richtung verhindern soll. Weitere Ausführungen von Schraubervorsätzen werden in den Bildern 3.63 und 3.64 vorgestellt.

In Bild 3.65 wird eine Schraubeinheit gezeigt, der ein pneumatischer Vorschubzylinder vorgesetzt ist. Das Schraubelement ist gefedert. Die Schraubspindel steckt im Innern einer zweiseitigen Kolbenstange. Der im Winkel angesetzte Schrauber ermöglicht eine kleine Bauhöhe an der Fügestelle, was oft bei beengten Verhältnissen an der Montageeinheit unumgänglich ist.

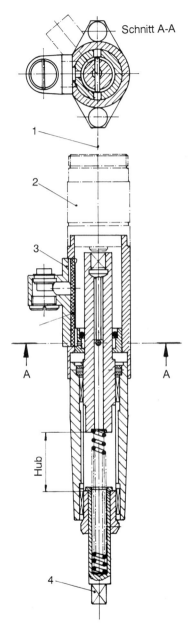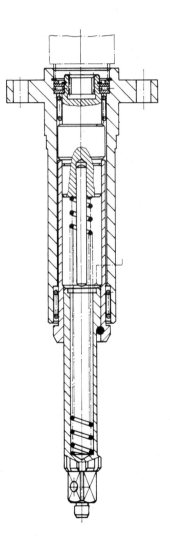

Bild 3.58: Schrauberspindel mit Meßwertgeber und Abtriebsgetriebe auf einer Achse (BOSCH)

1 Motoranschluß, 2 Planetentrieb, 3 Meßwertgeber zur Drehmomentabfrage mit Kabelanschlußdose, 4 Schraubernuß

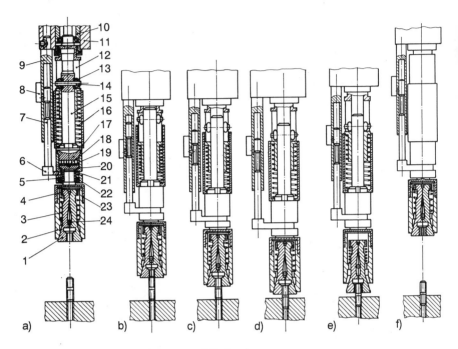

Bild 3.59: Schraubeinheit zur Montage von Stiftschrauben

a) Ausgangslage, b) bis e) Ablauffolge, f) Abschluß der Montage, 1 Patronenbacken, Flachstück mit Gewinderillen, 2 Patronenhülse, 3 Feder, 4 Buchse, 5 Drehkörper, 6 Gabel, 7 Schaltstange, 8 Mikrotaster, 9 Gehäuse, 10 Pinole, 11 Spindelgehäuse, 12 Spindelhülse, 13 Rolle mit sphärischem Profil, 14 Achse, 15 Endstück, 16 Feder, 17 Kupplungsstück, 18 Kugel, 19 Kreuzrinnenstück, 20 kleine Kugeln, 21 Kupplungsstück, 22 Gummiring zur Zentrierung der Patrone, 23 Überwurf, 24 Stift

Mitunter erlaubt das Bohrbild, an mehreren Fügestellen gleichzeitig zu schrauben. Das kann man auf zweierlei Art bewältigen:

→ Anwendung von Mehrfachschraubköpfen, die in Anlehnung an die Mehrspindelköpfe für das Bohren (Bild 3.66) ausgeführt werden können.
→ Anordnung von einzelnen Schraubern, die entsprechend des Bohrbildes auf einer Tragplatte angeordnet sind. Dafür soll ein Beispiel folgen.

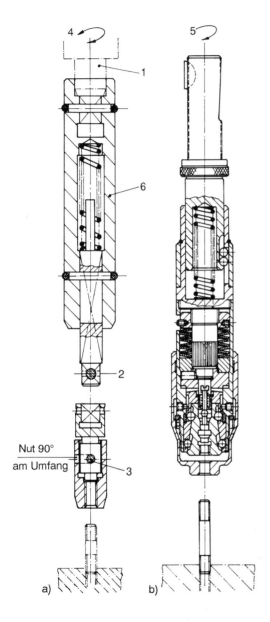

Bild 3.60: Eindrehen von Stiftschrauben

a) Werkzeugaufsatz und Schraubeneinzieher, b) Stiftschrauben-Einziehfutter (BILZ), 1 Spindelabtrieb, 2 Vierkant, 3 Stift, 4 Vor- und Rücklauf, 5 nur Vorlauf mit Auskuppeln, 6 Federhülse

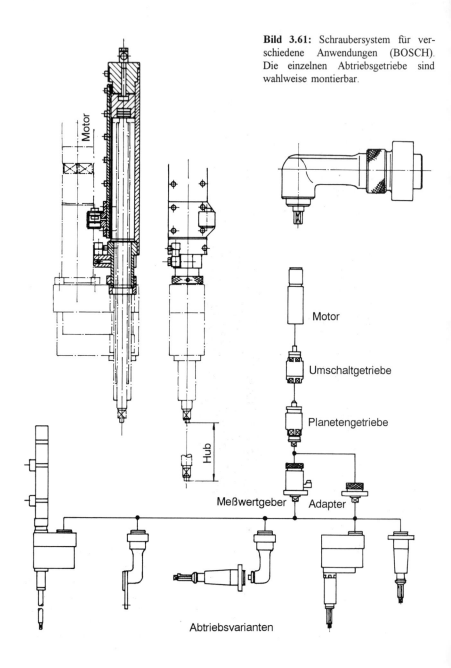

Bild 3.61: Schraubersystem für verschiedene Anwendungen (BOSCH). Die einzelnen Abtriebsgetriebe sind wahlweise montierbar.

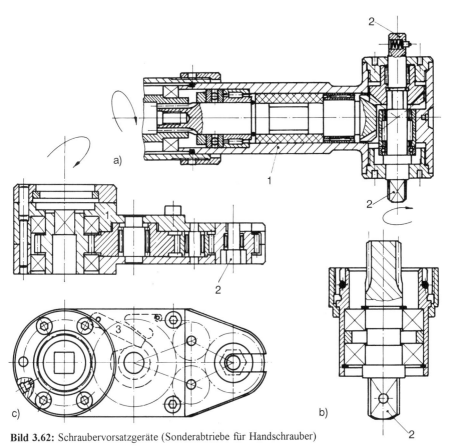

Bild 3.62: Schraubervorsatzgeräte (Sonderabtriebe für Handschrauber)
a) senkrechter Anschluß mit rechtem und linkem Abtrieb, b) Schlüsselkopfanschluß, Anschlußadapter, c) Stufenabtrieb mit Schlüsselkopf, 1 Gehäuse, 2 Schlüsselkopf, 3 Sperrklinke

Das Bild 3.67 zeigt eine automatische Station zum Anschrauben von Montageteilen. Die Montagebaugruppe befindet sich auf einem Montageträger in formangepaßten Werkstückaufnahmen. Die Schrauber sind auf einer Konsole nach dem Bohrbild der Montagebaugruppe fest angeordnet. Die erforderliche Bewegung der Baugruppe gegen den Schrauber wird von einer hydraulischen oder pneumatischen Hubeinheit erzeugt, die unter dem Transportsystem eingebaut wurde. Fixierstifte in der Hubplatte sorgen dafür, daß der Montageträger beim Abheben exakt zur Hubachse ausgerichtet wird. Nach der Schrauboperation wird der Montageträger wieder auf dem Rollenförderer abgesetzt. Die Station kann als Festziehstation oder als Schraubstation mit Schraubteilzuführung gestaltet sein.

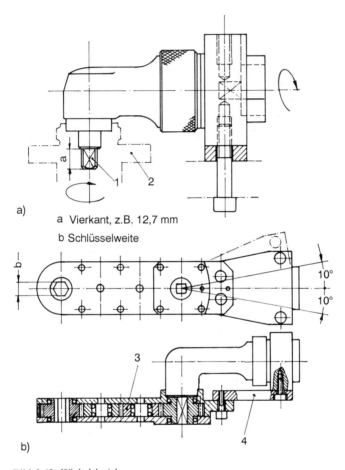

Bild 3.63: Winkelabtrieb

a) Winkelschraubkopf mit Vierkantsteckschlüssel, z.B. Vierkant 12,7 mm, b) Winkelabtrieb kombiniert mit Flachschlüssel für schwer zugängliche Sechskantschrauben, 1 Vierkantanschluß oder -steckschlüssel, 2 Montageeinheit, 3 Zwischenzahnrad, 4 Drehmomentstütze

Bei der in Bild 3.68 gezeigten Montagestation verbleibt dagegen der Montageträger auf dem Rollengang und die Schraubeinheit mit angesetzter Zuführeinrichtung bewegt sich nach unten und setzt auf dem Basisteil auf.

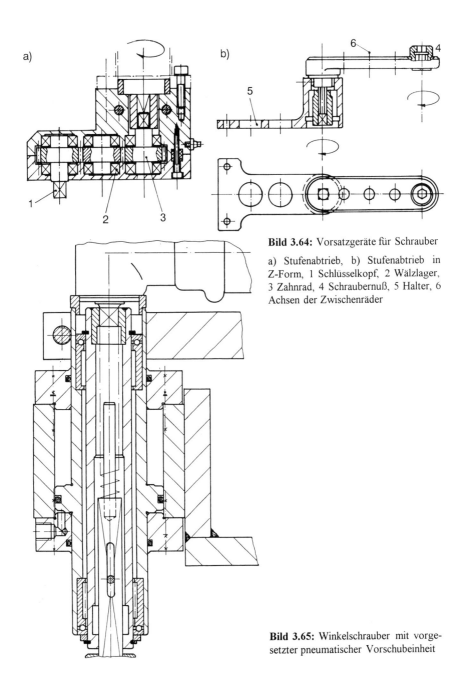

Bild 3.64: Vorsatzgeräte für Schrauber

a) Stufenabtrieb, b) Stufenabtrieb in Z-Form, 1 Schlüsselkopf, 2 Wälzlager, 3 Zahnrad, 4 Schraubernuß, 5 Halter, 6 Achsen der Zwischenräder

Bild 3.65: Winkelschrauber mit vorgesetzter pneumatischer Vorschubeinheit

Bild 3.66: Aufbau eines Mehrspindelkopfes

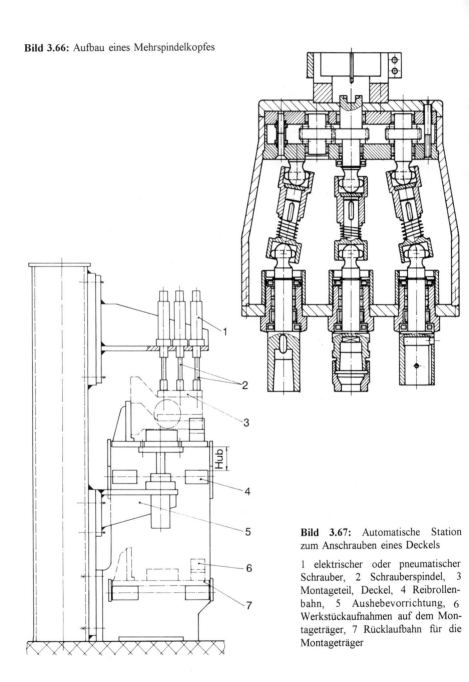

Bild 3.67: Automatische Station zum Anschrauben eines Deckels

1 elektrischer oder pneumatischer Schrauber, 2 Schrauberspindel, 3 Montageteil, Deckel, 4 Reibrollenbahn, 5 Aushebevorrichtung, 6 Werkstückaufnahmen auf dem Montageträger, 7 Rücklaufbahn für die Montageträger

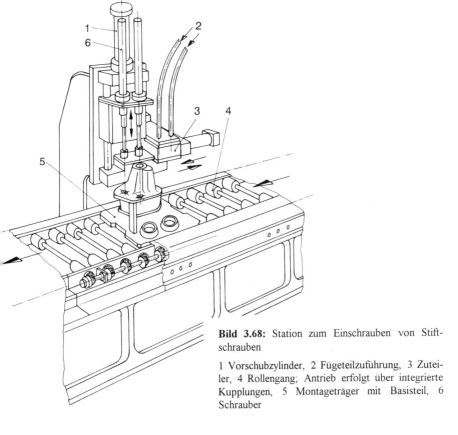

Bild 3.68: Station zum Einschrauben von Stiftschrauben

1 Vorschubzylinder, 2 Fügeteilzuführung, 3 Zuteiler, 4 Rollengang; Antrieb erfolgt über integrierte Kupplungen, 5 Montageträger mit Basisteil, 6 Schrauber

3.6 Preßvorrichtungen

Neben den Schraubverbindungen gehört das Einpressen mit zu den häufigsten Verbindungsverfahren. Das liegt an der einfachen Fügebewegung, der Lösbarkeit der Verbindung und der guten Haltbarkeit, wenn die Toleranzen der Fügepartner richtig gewählt werden. Das Verfahren läßt sich auch gut automatisieren. In Bild 3.69 wird das Einpressen eines Kegelrollenlagers gezeigt. Es gibt spezielle Preßstempel, die auf die Preßflächen des Objekts abgestimmt sind. In Bild 3.69a ist der obere Preßstempel mit Federn versehen, die das von Hand eingesteckte Lager mit Innenring halten. In Bild 3.69b werden die Außenringe oben und unten gleichzeitig in den Gußkörper eingepreßt. Wird ein Teil über längere Achsenabsätze aufgepreßt, wie es Bild 3.69 zeigt, dann sind Preßhülsen erforderlich, die den Preßweg überbrücken.

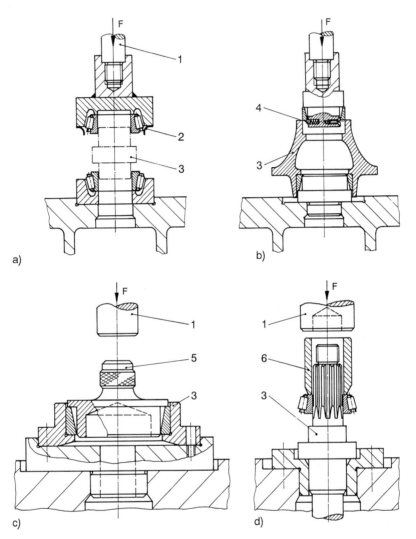

Bild 3.69: Einpressen eines Kegelrollenlagers
a) zwei Innenringe mit Rollenkranz aufpressen, b) zwei Außenringe einpressen, c) Außenring mit Druckkörper einpressen, d) Lager auf Keilwelle pressen, 1 Preßstempel, 2 Federblechhalter, dreimal am Umfang, 3 Basisteil, 4 Kugelrast-Halter für Außenring, 5 Preßglocke als Losteil, 6 Preßhülse als Losteil, F Preßkraft

Die Abstimmung von Preßstempelabmessungen auf das Werkstück trifft auch auf das Fügen von Wellendichtringen zu. Beispiele enthält das Bild 3.70. Wichtig sind Einführschrägen am Fügeteil. Taucht der Preßstempel in die Dichtung ein (Bild 3.70 a und d), dann muß die Einführphase am Dorn gut geglättet und etwas gerundet sein, damit die Dichtfläche nicht verletzt wird.

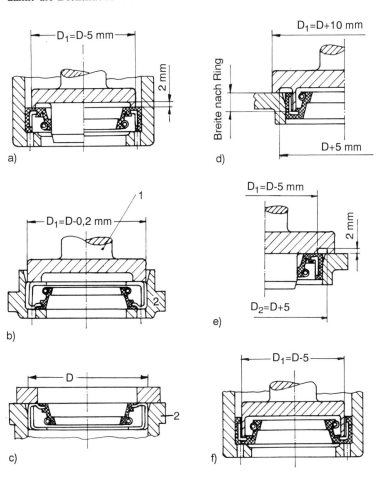

Bild 3.70: Preßstempelformen für das Einpressen von Wellendichtringen

a) Preßstempel mit Freidrehung und Zapfen, b) Flachpreßstempel, c) am Basisteil aufsitzende Preßscheibe, d) Preßstempel mit umlaufenden Kragen, e) Preßstempel mit Führungszapfen, f) Montagedorn, 1 Einspannzapfen, 2 Basisteil, D Paßmaß, D_1 Preßdorndurchmesser

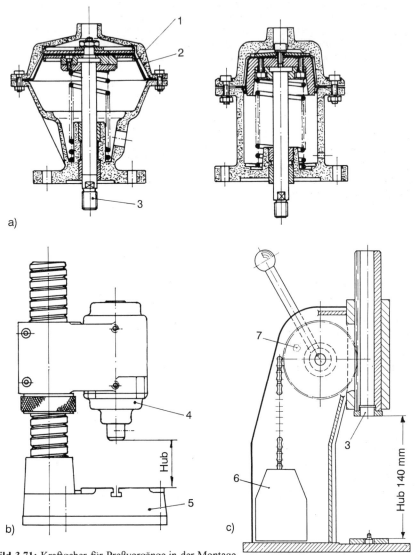

Bild 3.71: Kraftgeber für Preßvorgänge in der Montage

a) Pneumatikzylinder mit Rollmembran, b) Pneumatikpresse mit höheneinstellbarem Preßkopf, c) Handhebelpresse für einfache Preßarbeiten, 1 Rollmembran, 2 Gehäuse, 3 Druckstößel, 4 Preßkopf, 5 Pressentisch mit T-Nut-Aufnahme, 6 Gegengewicht, 7 Triebrad mit Handhebel

Das Einpressen kann in automatischen Stationen erfolgen, aber auch an Handarbeitsplätzen. Es gibt kleine Montagepressen, die mit Handhebel bedient werden oder die mit Pneumatikzylinder pressen. Beispiele zeigt das Bild 3.71. Auch Pneumatikzylinder mit Rollmembran lassen sich gut verwenden. Sie haben den Vorteil, daß sich der Kolben ohne Losbrechmoment sehr gleichmäßig in Bewegung setzt. Die Preßkraft läßt sich also sehr feinfühlig einstellen und einhalten.

Das Bild 3.72 zeigt eine Kniehebelpresse mit Handbedienung, wie sie noch immer an vielen Montageplätzen im Einsatz ist. Das Gestell wurde nicht mit dargestellt. Bei einer Handhebellänge von z.B. 410 mm und Kurbelradius von 55 mm ergibt sich 5 mm vor dem unteren Totpunkt (u.T.) eine Preßkraft von F = 1300 N, bei 20 mm vor u.T. sind es nur 500 N. Hier zeigt sich das Typische in der Kraft-Weg-Kurve eines Kniehebelmechanismus.

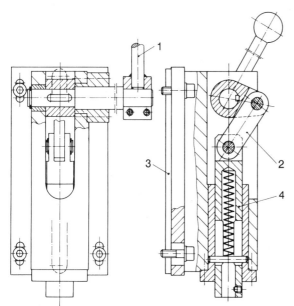

Bild 3.72: Beispiel einer Kniehebelhandpresse

1 Handhebel, 2 Kurbelschwinge, 3 Paßfeder, 4 Aufnahme für Preßwerkzeuge (Dorne, Hülsen u.a.)

In Bild 3.73 werden Vorrichtungen zum Einpressen typischer Bauteile gezeigt. In beiden Fällen schiebt sich die gefederte Haltevorrichtung zurück, wenn diese auf dem Basisteil aufliegen und die Einpreßbewegung fortgesetzt wird. Der Dichtring wird außerdem in der Vorrichtung befettet. Die Vorrichtung nach Bild 3.73b ist ausnahmsweise mit einem Tellerfedersatz nachgiebig gemacht worden. Diesen Ausgleich braucht man als Endlagengarantie, wenn mehrere Aufnahmen gleichzeitig an einem Preßkopf befestigt sind. Als Einzel-Preßdorn genügt eine starre innere Krafteinleitung.

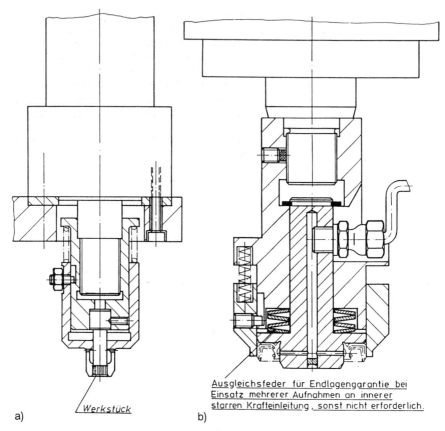

a) Werkstück b) Ausgleichsfeder für Endlagengarantie bei Einsatz mehrerer Aufnahmen an innerer starren Krafteinleitung, sonst nicht erforderlich.

Bild 3.73: Vorrichtungen zum Einpressen von Bauteilen

a) Einpressen eines Verschlußstopfens, b) Einpressen eines Dichtringes

Besondere Konstruktionen werden erforderlich, wenn an zwei Fügestellen gleichzeitig gepreßt werden soll. Fast immer müssen dabei Ausgleichsvorgänge zugelassen werden. Das Bild 3.74 zeigt eine spezielle Preßbrücke zum gleichzeitigen Fügen von zwei Buchsen, deren Bohrungen genau gegenüberliegen. Die Preßbrücke wird von einem Pneumatikzylinder in die Preßposition geschwenkt. Dabei rollen Kegelräder auf feststehenden Rädern ab, wodurch zwei sich überlagernde Schwenkbewegungen auftreten. Beim Zurückschwenken kommen die Fügeteilaufnahmen in eine einheitliche parallele Lage, in der sie mit neuen Teilen bestückt werden können. Die Vorrichtung ist "schwimmend" aufgehängt, damit sich die Preßkräfte gegeneinander kompensieren können.

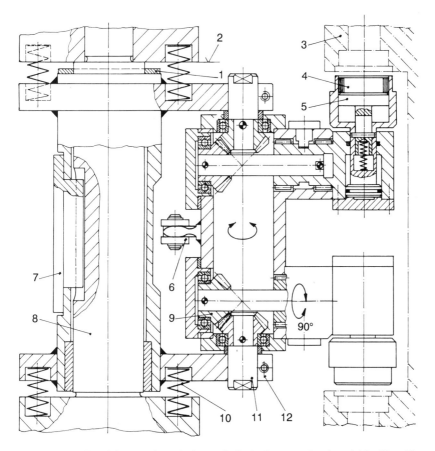

Bild 3.74: Preßvorrichtung mit "schwimmender" Aufhängung für das gleichzeitige Einpressen von Buchsen

1 Paßscheibe zur Wegabstimmung, 2 Anlagekante, 3 Basisteil, 4 Fügeteil, 5 Preßzylinder, 6 Anschluß eines Pneumatikzylinders für die Schwenkbewegung, 7 Paßfeder zur Verdrehsicherung, 8 Haltestange, 9 Kegelradgetriebe, 10 Federausgleich, 11 Achse, 12 Klemmung

Das Bild 3.75 zeigt Preßeinheiten für das Eindrücken eines Zylinderstiftes und anderer Teile. Eine Besonderheit ist in Bild 3.75b zu sehen. Es wurde ein Doppelhubzylinder eingesetzt. Eine Kolbenstange wird als Niederhalter bzw. Andocker an das Basisteil genutzt, während die zweite Stange dann das Aufpressen eines Teils ausführt. Es sind also zwei voneinander unabhängige Bewegungen möglich. Je nach Anwendungsfall kann man sowohl die innere Kolbenstange als auch die äußere als Andocker oder Anpresser verwenden. Da es sich außerdem um eine Doppelpreßeinheit handelt, können Wegdifferenzen ebenfalls ausgleichend aufgefangen werden.

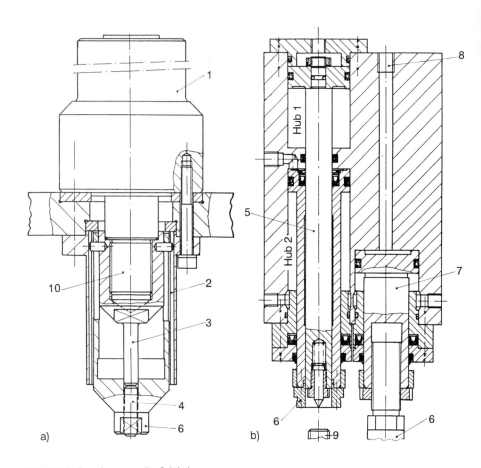

Bild 3.75: Gestaltung von Preßeinheiten
a) Einpressen eines Zylinderstiftes, b) Doppelpreßvorrichtung, teilweise mit 2 Hublängen, 1 Preßzylinder, 2 Schutz und Verdrehsicherung, 3 Preßstempel, 4 Fügeteil, 5 Doppelhubzylinder, 6 Werkstückaufnahme, 7 Einfachhubzylinder, 8 Druckölanschluß, 9 Basisteil, 10 Kolbenstange

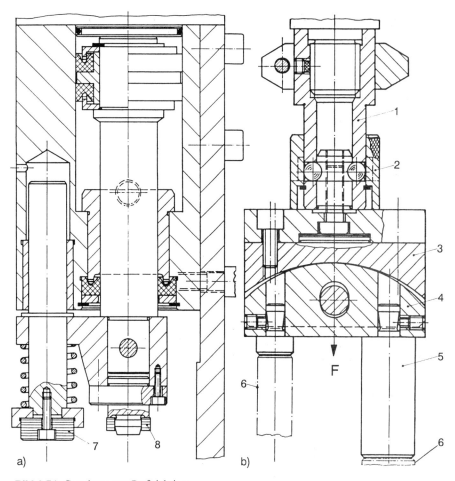

Bild 3.76: Gestaltung von Preßeinheiten
a) Preßeinheit mit voreilendem Niederhalter, b) Doppelpreßkopf mit Pendelausgleich, 1 Pressenstößel, 2 Schnellwechselkopf, 3 Grundkörper, 4 Pendelstück, 5 Preßstempel, 6 Werkstück, Basisteil, 7 Niederhalter, 8 Fügeteil, F Preßkraft

Bei der Preßeinheit nach Bild 3.76a setzt zuerst ein Niederhalter bzw. ein Indexierstück auf dem Basisteil auf. Dem folgt der eigentliche Preßdorn mit dem aufgestecktem Fügeteil. In Bild 3.76b wird ein Preßkopf mit Pendelausgleich gezeigt. Es wird gleichzeitig in verschiedenen Ebenen gepreßt. Der Preßkopf ist über eine

Kupplung schnell austauschbar. Weitere Preßeinheiten mit Pendelausgleich werden in den Bildern 3.77 und 3.78 gezeigt. Das Bild 3.77 zeigt zwei Ausführungen von Doppelpreßeinheiten. Die Fügeteile werden von Zentrierbolzen aufgenommen. Diese sind gefedert und tauchen während des Einpressen ab. Für den Kraftausgleich ist eine Wippe vorgesehen.

Bild 3.77: Säulengeführte Doppelpreßvorrichtung mit Wippe

1 Zentrierdorn für das Fügeteil, 2 Druckhülse, 3 Führung, 4 Wippe, 5 Zentrierkegel für das Andocken am Basisteil

A Basisteil
B Fügeteil

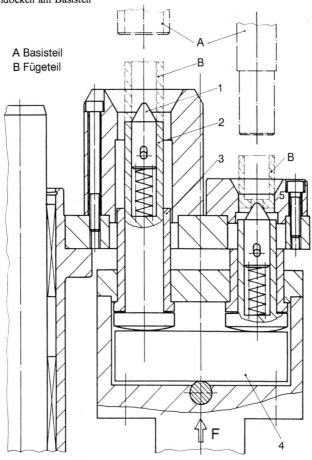

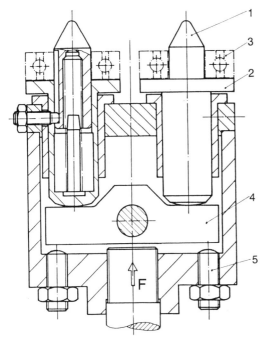

Bild 3.78: Preßvorrichtung in Doppelanordnung

1 Zentrierdorn, 2 Preßelement, 3 Fügeteil, 4 Wippe, 5 Stellschraube

Die in Bild 3.79 gezeigte Preßvorrichtung ist als "schwimmende" Brücke ausgebildet. Sie kann an jeder Stelle einer Montagelinie angebaut werden. Der Kraftfluß wird in der Vorrichtung geschlossen und es gibt damit keine Kräfte, die auf das Fördersystem oder auf den Werkstückträger wirken. Beim Einfahren in die Position wird der Stopperbolzen wirksam, der den Werkstückträger anhält. Bevor die untere Preßplatte der Brücke den Werkstückträger erreicht, taucht der Suchbolzen ein und fixiert die Preßposition. Beim Öffnen der Preßvorrichtung taucht auch der Suchstift wieder aus.

In Bild 3.80 ist eine hydraulische Preßeinheit für den Anbau an Montageanlagen zu sehen. Die Hebelübersetzung erhöht nochmals die Preßkraft. Eine Anwendung wäre z.B. das Vernieten der Zarge eines Blechkörpers oder das Einpressen spezieller Preßmuttern.

Ein Doppelgurtband ist nicht geeignet, um größere Druckkräfte aufzunehmen. Deshalb muß beim Pressen der Werkstückträger unterstützt und wenigstens etwas vom Band abgehoben werden (siehe dazu Bild 3.28). In Bild 3.81 wird eine Lösung gezeigt, bei der ein hydraulischer Preßstempel von unten wirkt und den gesamten Werkstückträger hebt und gegen die Buchse (Fügeteil) preßt. Die Buchse wird in diesem Fall von Hand in die Halteaufnahme eingesteckt. Das läßt sich aber auch relativ einfach automatisieren. Der Werkstückträger wird durch einen Stopperzylinder in der Station angehalten. Die Aushebeplatte verfügt über Zentrierbolzen, die in Öffnungen an der Unterseite des Werkstückträgers eingreifen und die genaue Position in x-y-Richtung herstellen.

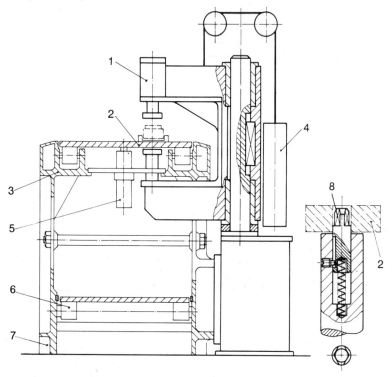

Bild 3.79: Schwimmende Preßbrücke an einer Montagelinie

1 Preßzylinder, 2 Werkstückträger mit Montagebasisteil, 3 Rollbahn oder Transportgurtsystem, 4 Gegengewicht, 5 Stopperzylinder, 6 Rücklaufstrecke, 7 Gestell, 8 Suchstift von unten

Kann ein Industrieroboter mit offener kinematischer Kette ebenfalls Preßoperationen übernehmen?

Ein normaler Drehgelenkroboter mit "Freiarm" ist nicht in der Lage, größere Preßkräfte aufzubringen, ohne Schaden zu nehmen. Deshalb hat man den in Bild 3.8 gezeigten "Roboterhammer" entwickelt, der nach dem Prinzip eines Drucklufthammers arbeitet. Ein kleiner Kolben wird mit hoher Frequenz hin und her bewegt und schlägt dabei auf die Fügeteile. Im Beispiel ist es eine Aufnahme für mehrere Kerbstifte. Für den Winkelfehlerausgleich enthält der Roboterhammer außerdem elastomere Federelemente.

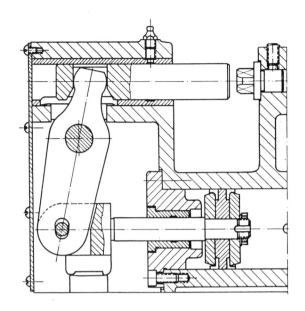

Bild 3.80: Waagerecht-Preßeinheit zum Anbau an ein Montagesystem

Um auf engem Raum größere Kräfte zu erzeugen, gibt es die Möglichkeit der Kraftübersetzung über ein Keilgetriebe. Das wird in Bild 3.83 gezeigt. Der Kolbenweg wird über einen Keil auf einen Winkelhebel übertragen. Um die Kolbenstange von Querkräften frei zu halten, liegt der pendelnd aufgehängte Keil ständig an 3 Punkten an. Der Hub des Preßstößels ist allerdings bedeutend kleiner als der Kolbenhub des Pneumatikzylinders. Es ist ein Vorteil, daß die Ausfahrrichtung des Preßstößels mit der des Pneumatikkolbens trotz der Kraftübersetzung übereinstimmt.

Die in Bild 3.86 gezeigte Montagepresse ist über der Montagelinie an einem Ständer befestigt. Der Pressentisch ist nach vorn offen, so daß auch längere Teile unter die Presse gebracht werden können. Es lassen sich sowohl Arbeitsplätze mit manuellem Einlegen der Preßteile gestalten, wie auch automatisierte Stationen. Dann sind die Fügepartner von einer Handhabungseinrichtung in die Preßposition zu bringen. Man darf hierbei nicht vergessen, daß jede automatische Operation kontrolliert werden muß.

In Bild 3.84 wird die Verwendung einer Montagehülse gezeigt. Sie wird vorübergehend übergeschoben, um den Flanschdeckel mit eingebautem Wellendichtring ohne Verletzung der Dichtlippen montieren zu können. Ohne Hülse würde man am Wellenbund die Dichtung beschädigen.

Das Bild 3.85 zeigt eine Zuführ- und Einpreßstation für Stifte als Schnittdarstellung. Ein Zuteiler bringt das Fügeteil unter den Preßstempel. Dieser preßt dann den Stift in das Basisteil.

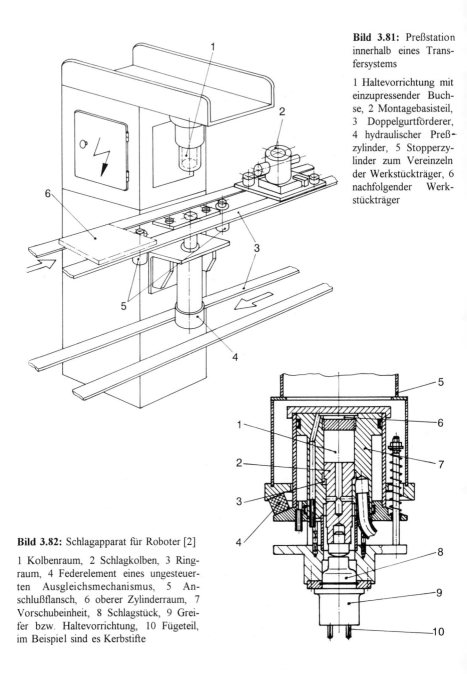

Bild 3.81: Preßstation innerhalb eines Transfersystems

1 Haltevorrichtung mit einzupressender Buchse, 2 Montagebasisteil, 3 Doppelgurtförderer, 4 hydraulischer Preßzylinder, 5 Stopperzylinder zum Vereinzeln der Werkstückträger, 6 nachfolgender Werkstückträger

Bild 3.82: Schlagapparat für Roboter [2]

1 Kolbenraum, 2 Schlagkolben, 3 Ringraum, 4 Federelement eines ungesteuerten Ausgleichsmechanismus, 5 Anschlußflansch, 6 oberer Zylinderraum, 7 Vorschubeinheit, 8 Schlagstück, 9 Greifer bzw. Haltevorrichtung, 10 Fügeteil, im Beispiel sind es Kerbstifte

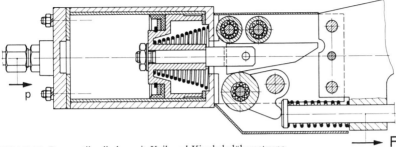

Bild 3.83: Pneumatikzylinder mit Keil und Kipphebelübersetzung

F erzeugte Preßstempelkraft, p Druckluft

Bild 3.84: Montieren eines Flanschdeckels mit Montagehülse

1 Montagehülse, 2 Basisteil

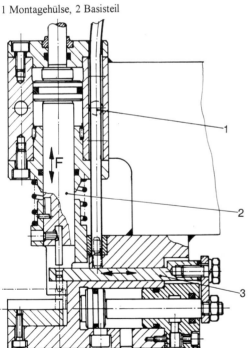

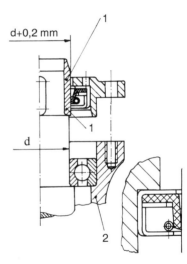

Bild 3.85: Station zum Zuführen und Einpressen von Stiften und Buchsen

1 Zuführkanal für Fügeteil, 2 Preßzylinder, 3 Zuteilschieber

Bild 3.86: Montagepresse für den Einsatz an einem Montage-Transfersystem (VOLKSWAGEN)

1 hydraulischer Preßzylinder, 2 Preßwerkzeug (Hülse, Stempel, Preßdorn), 3 Arbeitsraumhöhe nach Basisteil- und Werkzeuggröße, 4 Stütze, Gestell, 5 Werkzeugbefestigung oder Schnellwechselkopf, 6 Förderebene, 7 Steuertaster

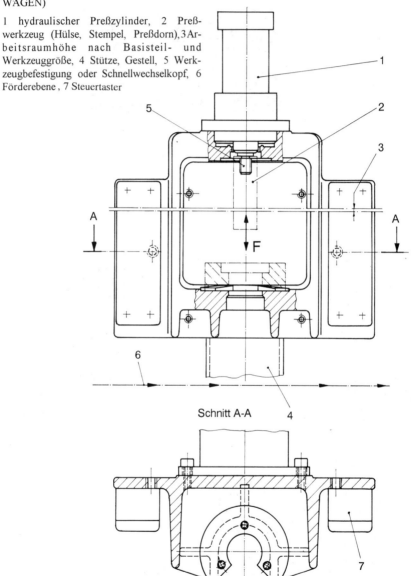

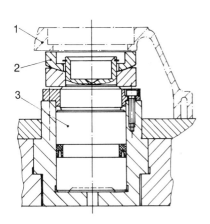 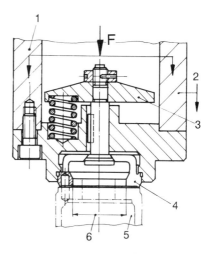

Bild 3.87: Pendelstütze als Preßauflage in einer Montagemaschine

1 Montagebasisteil, z.B. ein Gußstück (Getriebegehäuse), 2 Pendelscheibe, 3 hydraulischer Arbeitszylinder

Bild 3.88: Preßeinheit mit einer Innenspannzange für die Fügeteilaufnahme

1 Preßhülse, 2 Aufsetzbewegung, 3 Federjoch, 4 Innenspannzange, 5 Fügeteil, 6 Aufnahmedurchmesser

Die in Bild 3.87 gezeigte Pendelstütze gewährleistet eine vollständige Anlage des Basisteils auf der Auflagefläche, wobei auch Winkelfehler (Parallelität zwischen Preßstempelfläche und Auflagefläche) ausgeglichen werden. Beim Einpressen eines Teils stützt der Arbeitszylinder das Basisteil gegen die Preßkraft ab. Dafür genügt ein recht kleiner Kolbenhub.

In Bild 3.88 wird eine Preßvorrichtung gezeigt, die das Fügeteil mit einer Innenspannzange aufnimmt und dabei exakt zentriert. Außerdem sorgt ein Stift für eine genaue Drehlage. Das Lösen der Spannung besorgt ein nicht mit dargestellter zentraler Stempel.

3.7 Fügeeinrichtungen

Fügeeinrichtungen werden für die verschiedensten Operationen entwickelt. In Bild 3.89 wird eine Bördeleinrichtung gezeigt. Das Basisteil ist ein Keramikkörper, in welchem eine Messinghülse durch Bördeln am oberen Rand befestigt wird. Die Hülse wird vorher von unten eingesteckt und gehalten. Die Bördelkraft wird über eine Keilschräge aufgebracht. Sie wird durch die Feder 4 begrenzt. Fügen durch Umformen ist meistens automatisierungsfreundlich. Es genügt im Beispiel eine einfache Hubbewegung. Beim Niedergang der Vorrichtung setzt diese auf einen festen Anschlag auf, dann beginnt die Tätigkeit der Bördelwerkzeuge.

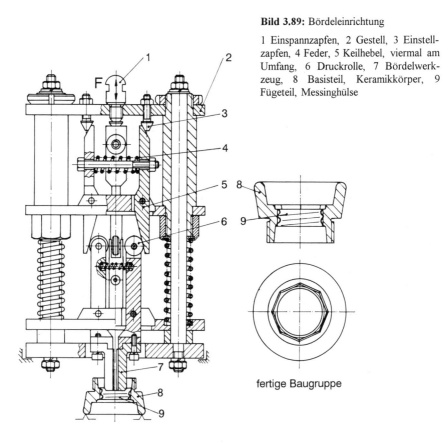

Bild 3.89: Bördeleinrichtung

1 Einspannzapfen, 2 Gestell, 3 Einstellzapfen, 4 Feder, 5 Keilhebel, viermal am Umfang, 6 Druckrolle, 7 Bördelwerkzeug, 8 Basisteil, Keramikkörper, 9 Fügeteil, Messinghülse

fertige Baugruppe

Das Bild 3.90 zeigt ein System, bei welchem 6 Teile zu einem "Paket" zusammengeführt werden. Dann wird es ausgeschoben und füllt eine Verpackung. Die Teile werden im Vibrationswendelbunker geordnet und über ein Transportband

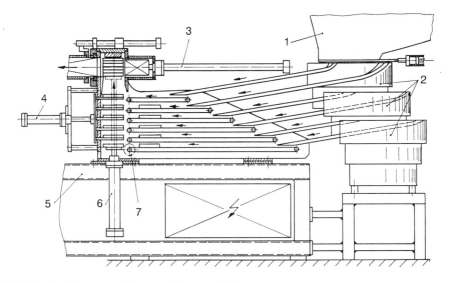

Bild 3.90: Einrichtung zum Zusammenführen von Teilen

1 Vorsatzbunker, 2 Vibrationswendelbunker, 3 Ausschubzylinder, 4 Druckluftzylinder, 5 Gestell, 6 Hubzylinder, 7 Förderbandantrieb

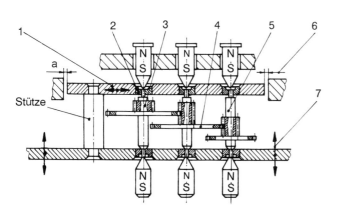

Bild 3.91: Montieren mit Magnetfeld- und Schwingungsunterstützung

1 Halteplatte, 2 Lagerstein, 3 bis 5 Montageteile, 6 Abstand zur Schwingwegbegrenzung, 7 vertikale Schwingung, a Angabe für den Schwingweg, N Nordpol, S Südpol

zur Sammelstelle gebracht. Jeder Vibrator versorgt zwei Zuführkanäle, d.h. die Förderwendel ist im Vibrator zweigängig auszulegen.

Das Bild 3.91 zeigt eine feinmechanische Baugruppe, bei der während des Fügens Schwingungen (100 Hz) in zwei Ebenen aufgebracht werden und eine mittige Ausrichtung der Zahnradachsen durch ein Magnetfeld unterstützt wird. Die Spitzen der Magnete wirken als Polschuhe und konzentrieren die Feldlinien genau auf die Achsmitte. Fügeteile sind die Lagersteine, die sich sowohl außen an der Halteplatte als auch innen (Achse) anfädeln und ausrichten müssen.

Eine komplette Montagestation zeigt Bild 3.92. Das Basisteil wird über ein Transfersystem bereitgestellt. Mehrere Handhabungseinrichtungen führen die Montage aus. Sie fahren am Portal oder sind fest aufgebaut. Wichtig ist hierbei, daß sich trotz vieler, auf engem Raum konzentrierter Funktionseinheiten, die Magazine und Zuführsysteme noch gut nachladen und warten lassen.

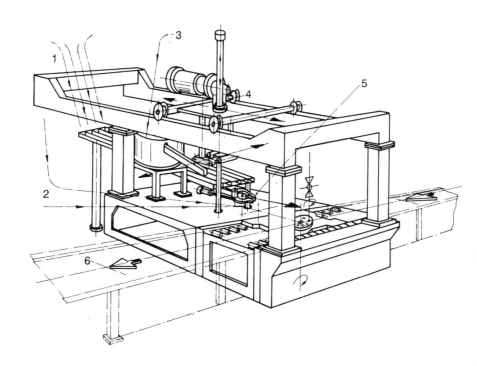

Bild 3.92: Fügestation in einer Montagelinie mit Werkstückträgertransfer

1 Zuführkanäle für Montageteile, 2 Zuführung von Großteilen, 3 Vibrationswendelförderer, 4 Handhabungseinrichtung, 5 Montagegreifer, 6 Rollenfördersystem

Eine Nieteinrichtung wird in Bild 3.93 vorgestellt. Eigentlich ist es nur der Nietstempel, der über eine Schnellwechselkupplung an einen Pressenstempel angeschlossen ist. Ein Tellerfederpaket bringt die Kraft für den Niederhalter auf. Der Nietstempel sollte wegen unterschiedlicher Nietkopfformen immer wechselbar sein.

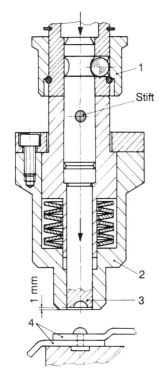

Bild 3.93: Aufbau eines Nietstempels

1 Schnellwechselkupplung, 2 Niederhalter, 3 Nietstempel, 4 Nietteile

Das Bild 3.94 zeigt eine Einrichtung, mit der M16-Muttern aufgeschraubt werden. Die Sechskantmuttern werden von einem Schwingförderer an das Mutternmagazin geliefert. Um das Schrauben geht es auch in Bild 3.95. Es zeigt eine Schraubstation für die Lichtmaschinenmontage. Die Polschuhe werden aus dem ungeordneten Zustand zugeführt und geordnet. Es fallen 2 Polschuhe auf den Fügedorn, der sich auf einer Hubplattform befindet. Das Freigeben der Polschuhe besorgt je ein Vereinzeler. Der Werkstückträger mit dem Polgehäuse und dem Spulenkorb dreht sich und nimmt dabei die Polschuhe mit. Dabei drückt der Fügedorn die Polschuhe in die Feldspule. In der gedrehten Stellung können dann die Schrauben eingedreht werden. Während des Schraubens fallen die nächsten zwei Polschuhe nach.

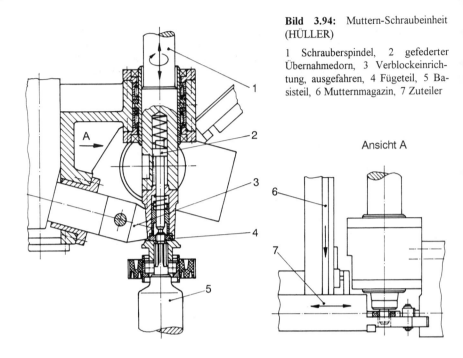

Bild 3.94: Muttern-Schraubeinheit (HÜLLER)

1 Schrauberspindel, 2 gefederter Übernahmedorn, 3 Verblockeinrichtung, ausgefahren, 4 Fügeteil, 5 Basisteil, 6 Mutternmagazin, 7 Zuteiler

Eine andere Montagestation wird in Bild 3.96 gezeigt. Die Basisteile gelangen über ein Rollentransportsystem in die Montagestation. Alle Vorgänge sind fest programmiert. In der Station wird der Montageträger indexiert. Solche Stationen werden vor allem in der Großserienproduktion verwendet.

Verschiedene Montagewerkzeuge werden in Bild 3.97 vorgestellt. Bei der Vorrichtung nach Bild 3.97b werden gleichzeitig zwei Teile in gleicher Fügeachse eingepreßt. Von oben wird in das Gehäuseteil ein Dichtring eingebracht. Er wird am Innendurchmesser befettet. Dann liegt die Druckhülse am Basisteil auf und drückt dieses nach unten gegen die Federkraft, die eine im Unterteil eingebaute Druckfeder dem Vorgang entgegensetzt. Dadurch wird nun von unten ein Wälzlagerring bis zum Anschlag eingepreßt. Das Bild 3.97a zeigt eine Kupplung mit Kugelverriegelung, wie man sie oft für das Wechseln von Preßdornen vorfindet.

Eine Handvorrichtung mit der man Ringfedern einsetzen kann, wird in Bild 3.98 gezeigt. Das Prinzip läßt sich auch für automatische Vorrichtungen verwenden. Die Ringfedern haben viel Spannung und können nicht einfach von Hand eingesetzt werden. Man bringt sie zunächst auf die Halteglocke. Beim Einsetzen der Vorrichtung in das Basisteil streift die Überwurfglocke dann den Ring ab, womit es seine Lage im Basisteil einnimmt.

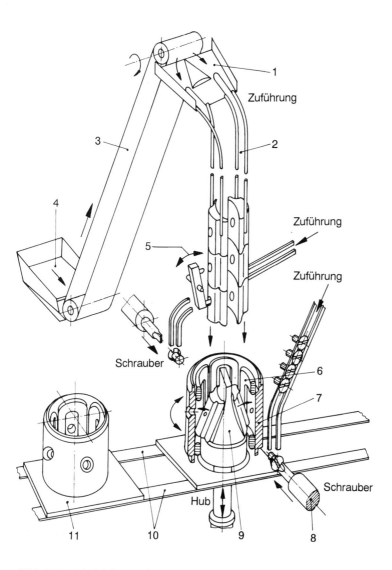

Bild 3.95: Prinzipieller Aufbau einer Montagestation für die Polschuhe einer Lichtmaschine (BOSCH)

1 Ordnen der Polschuhe, 2 Schachtmagazin, 3 Magnetbandförderer, 4 Polschuhbunker, 5 Zuteilerbewegung, 6 Feldwicklung, 7 Polgehäuse, 8 Druckluftschrauber, 9 Fügedorn, 10 Doppelgurtförderer, 11 Werkstückträger

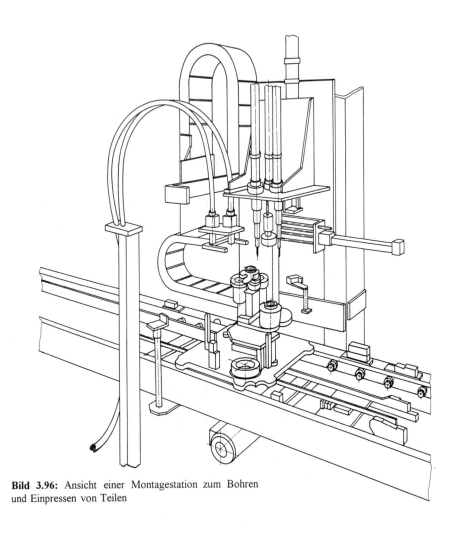

Bild 3.96: Ansicht einer Montagestation zum Bohren und Einpressen von Teilen

Bei der Darstellung in Bild 3.99 geht es um das Einpressen eines Stiftes in ein Gußgehäuse. Der Schwenkarm der Vorrichtung trägt eine Haftaufnahme für den zu montierenden Stift. Der Stift wird in der abgeschwenkten Stellung manuell oder automatisch geladen. Die Schwenkbewegung wird durch eine Nutkurve in der Zugspindel erzeugt. In der Arbeitsposition setzt der Arm auf einen Fixierbolzen auf und erreicht so die erforderliche Positionsgenauigkeit gegenüber der Montagevorrichtung, d.h. dem Basisteil. Das erfolgreiche Schwenken wird durch einen Initiator berührungslos überwacht.

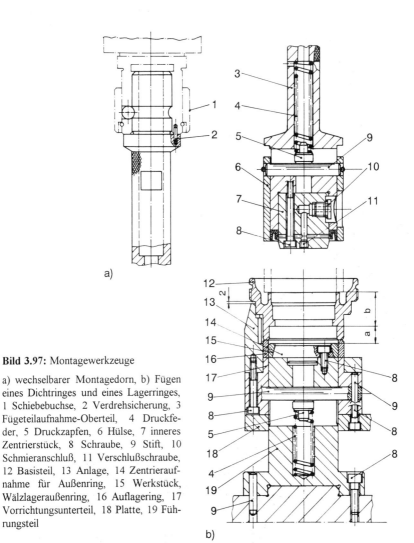

Bild 3.97: Montagewerkzeuge

a) wechselbarer Montagedorn, b) Fügen eines Dichtringes und eines Lagerringes, 1 Schiebebuchse, 2 Verdrehsicherung, 3 Fügeteilaufnahme-Oberteil, 4 Druckfeder, 5 Druckzapfen, 6 Hülse, 7 inneres Zentrierstück, 8 Schraube, 9 Stift, 10 Schmieranschluß, 11 Verschlußschraube, 12 Basisteil, 13 Anlage, 14 Zentrieraufnahme für Außenring, 15 Werkstück, Wälzlageraußenring, 16 Auflagering, 17 Vorrichtungsunterteil, 18 Platte, 19 Führungsteil

Mit der in Bild 3.100 gezeigten Vorrichtung werden Bolzen und Buchsen ein- bzw. aufgepreßt. Man führt die Buchsen automatisch aus einem Vibrationswendelförderer zu. Die Bolzen werden von Hand in die Preßdornaufnahme gesteckt. Das läßt sich aber auch automatisieren, wenn es sich lohnt. Hat die Arbeitskraft z.B. noch Sichtkontrollen durchzuführen, dann lohnt es sich meistens nicht, weil die Arbeitskraft dann ohnehin nicht freigestellt werden kann.

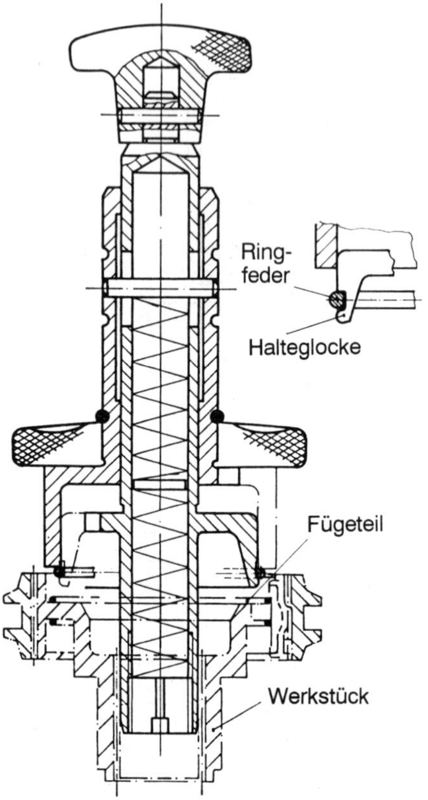

Bild 3.98: Vorrichtung zum Einsetzen von Ringfedern in einen Gußkörper

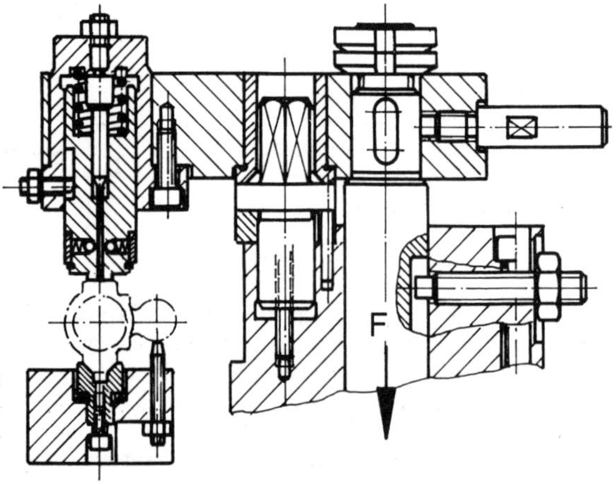

Ringfeder
Halteglocke
Fügeteil
Werkstück

Bild 3.99: Vorrichtung zum Schwenkspannen und Einpressen eines Stiftes in ein Gußgehäuse

96

Bild 3.100: Montagevorrichtung für Rundteile

1 Vibrationswendelförderer, 2 Zuteiler, 3 Preßstempel, wegen Zuführschiene seitlich abgeflacht, 4 Basisteil, 5 Montageteil, 6 Preßeinheit, 7 Deckschiene der Zuführrinne

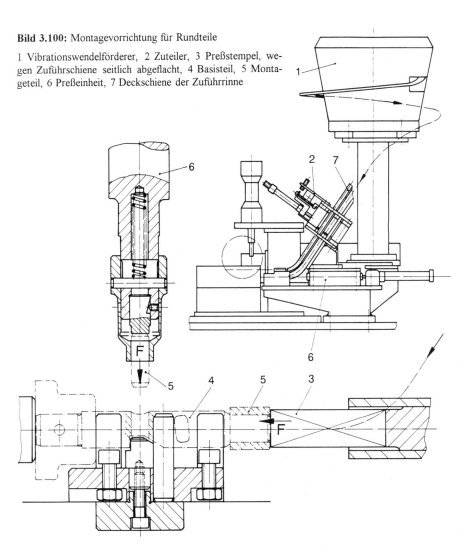

Besonders häufig sind Wellen- und Bohrungssicherungsringe zu montieren. Dazu sollen einige konstruktive Lösungen folgen. Die Vorrichtung nach Bild 3.101 dient zum Einbringen von Sicherungsringen auf Wellenenden. Die Ringe befinden sich geordnet im Magazin, werden zugeteilt und unter die Preßhülse gebracht. Das Basisteil dockt am Aufweitkegel an. Dann wird das Aufpressen durch die Druckhülse besorgt.

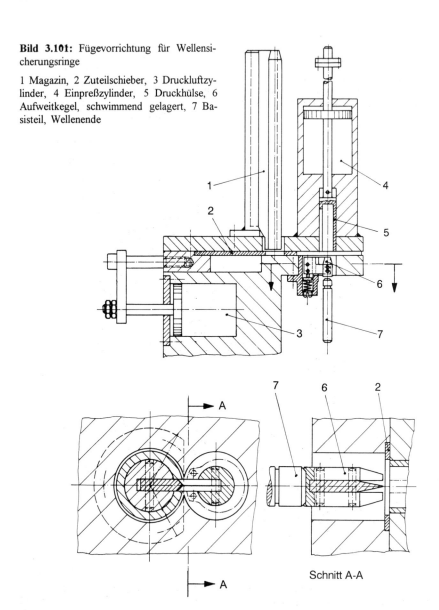

Bild 3.101: Fügevorrichtung für Wellensicherungsringe

1 Magazin, 2 Zuteilschieber, 3 Druckluftzylinder, 4 Einpreßzylinder, 5 Druckhülse, 6 Aufweitkegel, schwimmend gelagert, 7 Basisteil, Wellenende

Bei der Vorrichtung nach Bild 3.102 wird der Sicherungsring manuell oder automatisch über einen schmalen Steg auf den Aufweitkegel gebracht. Beim Niedergang der Preßeinheit setzt dieser auf dem Wellenende der Basisbaugruppe auf.

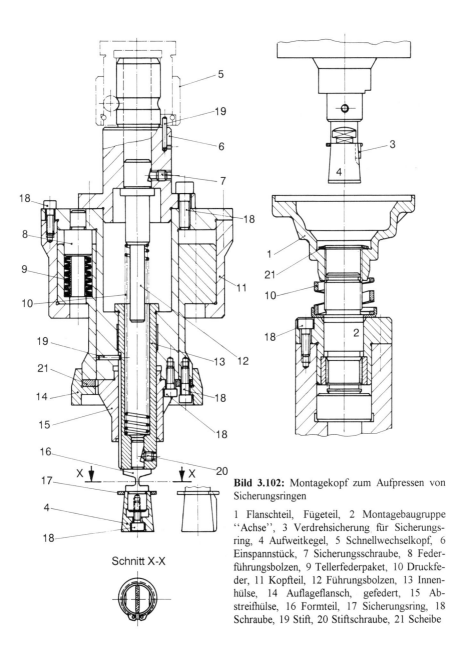

Bild 3.102: Montagekopf zum Aufpressen von Sicherungsringen

1 Flanschteil, Fügeteil, 2 Montagebaugruppe "Achse", 3 Verdrehsicherung für Sicherungsring, 4 Aufweitkegel, 5 Schnellwechselkopf, 6 Einspannstück, 7 Sicherungsschraube, 8 Federführungsbolzen, 9 Tellerfederpaket, 10 Druckfeder, 11 Kopfteil, 12 Führungsbolzen, 13 Innenhülse, 14 Auflageflansch, gefedert, 15 Abstreifhülse, 16 Formteil, 17 Sicherungsring, 18 Schraube, 19 Stift, 20 Stiftschraube, 21 Scheibe

Die Abstreifhülse bewegt sich aber weiter, weil die Innenhülse federnd gelagert ist. Dabei wird das Flanschteil mit eingelegter Scheibe über das Wellenende geschoben bis schließlich der Sicherungsring aufgepreßt wird und in die Wellennut schnappt. Die Abstreifhülse ist ebenfalls gegen den Stempel der Presse nochmals über ein Tellerfederpaket abgestützt.

Die unter Bild 3.103d dargestellte Vorrichtung zur Montage von Sicherungsringen kann von einem Roboter geführt werden, fest an der Montagestation angebaut sein, aber auch als Handvorrichtung (dann mit Handgriff an der Druckstange) ausgelegt werden. Die Montagehülse kann nach innen federn, weil sie sechsmal am Umfang geschlitzt ist.

Bild 3.103: Vorrichtungen zum Setzen von Sicherungsringen

a) lange Preßhülse für Außenring, b) Setzen eines Innenringes, c) Setzen eines Außenringes, d) Schnitt durch eine Vorrichtung zum Setzen von Innenringen, 1 Druckstange, 2 Montagewerkzeug, -hülse, 3 Sicherungsring, 4 Vorsatztrichter, 5 Montagbasisteil, 6 Ringnut, 7 Aufweit-Kegelhülse, 8 Auflage, 9 Schnellwechselkupplung, 10 Schutzhülse aus Kunststoff, 11 taktweises Weitergeben, 12 Fase am Wellenende, F Preßkraft

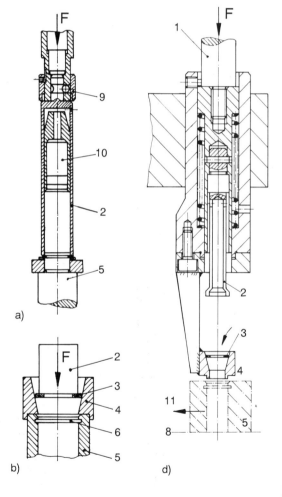

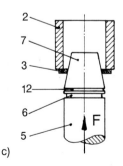

Das Bild 3.104 zeigt die maßliche Gestaltung eines Aufweitkegels. Für das Andocken an das Basisteil ist eine Innenfase 1 x 60° vorgesehen, die am Basisteil als Außenfase vorhanden sein muß. In der Fügeposition angekommen dockt zunächst der Aufweitkegel an, dann preßt die Abstreifhülse den Sicherungsring abwärts bis zur Wellennut.

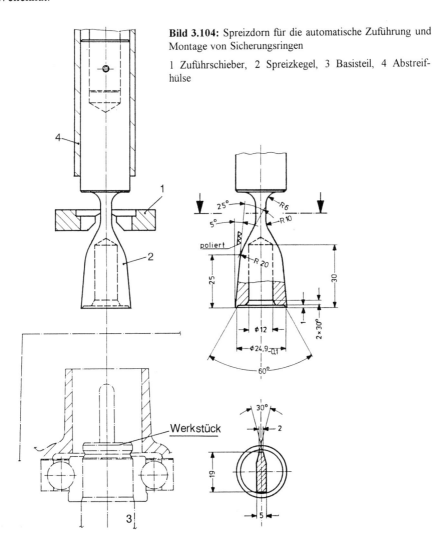

Bild 3.104: Spreizdorn für die automatische Zuführung und Montage von Sicherungsringen

1 Zuführschieber, 2 Spreizkegel, 3 Basisteil, 4 Abstreifhülse

Das Bild 3.105 zeigt etwas ganz anderes. Es ist eine Vorrichtung mit Magazin für die Clipmontage mit einem Industrieroboter. Die Anwesenheit des Fügeteils wird optisch kontrolliert. Das Anpressen besorgt ein Druckluftzylinder. Das Erreichen der Endlagen des Preßstempels wird ebenfalls abgefragt.

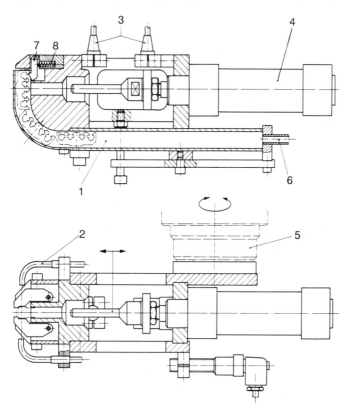

Bild 3.105: Fügewerkzeug für die Clipmontage mit dem Industrieroboter

1 Schachtmagazin, 2 Faserlichtschranke, 3 Sensor zur Preßstempelkontrolle, 4 Druckluftzylinder, 5 Roboterhandgelenk, 6 Druckluftanschluß, 7 Klinke, die das Teil in der Endlage festhält, 8 Feder

Zum Abschluß soll noch ein Montageautomat im Schnitt gezeigt werden (Bild 3.106). Die Anlage ist kurvengesteuert. Auf die Basisteile werden beidseits in der dargestellten Station Kappen aufgepreßt, die von einem Vibrator zugeführt werden. Das Preßwerkzeug ist zweiteilig. Zunächst wird bis zum Drahtbeginn vorgefahren. Dann schiebt die Außenhülse allein die Kappe über den Draht und preßt sie schließlich auf das Basisteil. Die Preßkraft wird vom Gegenstempel abgefangen, der auf der Gegenseite eine Kappe aufpreßt.

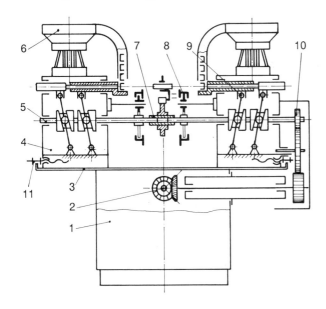

Bild 3.106: Montageautomat mit Kurvensteuerung

1 Gestell, 2 Zentralwelle, 3 Tischplatte, 4 Montageeinheit, 5 Kurvenwelle für Stationenantrieb, 6 Zuführeinrichtung, Vibrator, 7 Kupplung und Verbindung zur Positioniereinrichtung, 8 Kettenrad für Transfersystem, 9 Kurbelschwinge für Antrieb der Fügeeinheit, 10 Zahnrad, 11 Stelltrieb zum Verschieben der gesamten Montageeinheit

3.8 Abziehvorrichtungen

Anpaßarbeiten erfordern in der Montage auch immer wieder Demontagevorgänge. Zwar soll man das vermeiden, es ist aber oft nicht erreichbar. Abziehvorrichtungen werden somit beim Anpassen, bei Nacharbeiten und an Reparaturarbeitsplätzen benötigt. Für Lager, Ringe und Ritzelwellen jeder Art sind deshalb auch Demontagevorrichtungen entwickelt worden. Das Bild 3.107 zeigt die 3 Arbeitsstellungen eines Krallenabziehers zum Abziehen eines Wälzlagers. Das geschieht unter einer Presse. Die Montageeinheit liegt auf einer Aufnahmevorrichtung auf. Diese weist nach der Objektform gestaltete Zentrierelemente auf. Im Ausgangszustand sind die Abziehbacken geöffnet, was durch eine Druckfeder bewerkstelligt wird.

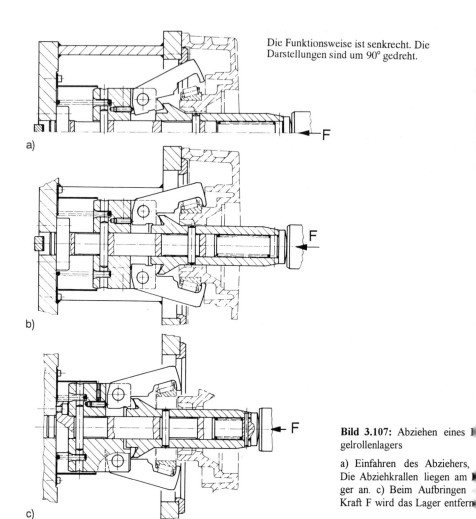

Bild 3.107: Abziehen eines [Na]gelrollenlagers

a) Einfahren des Abziehers, [b)] Die Abziehkrallen liegen am [La]ger an. c) Beim Aufbringen [der] Kraft F wird das Lager entfern[t]

Das Bild 3.108 zeigt zwei Ausführungen von Demontagewerkzeugen für das Auspress[en] von Lagerringen. Die Vorrichtungen werden von Hand angesetzt. Im ersten Beisp[iel] spreizen sich nach dem Einführen die Backen hinter dem Lagerring. Im zweiten Beisp[iel] genügt eine feststehende Druckplatte.

In den Bildern 3.109 bis 3.111 werden Abziehvorrichtungen gezeigt. Besonderes Merkm[al] sind Sperrhülsen bzw. Sperr-Ringe, die nach dem Ansetzen der Zugorgane über die[se] geschoben werden. Die Sperren nehmen die radial nach außen wirkenden Kräfte auf, d[ie] sie stützen diese. In Bild 3.111a wird diese Sperrfunktion von einem Innenteil mit Kegelschräge übernommen. Die Einstellung auf den Hintergreif-Durchmesser geschieht über die Mittelstange per Handgriff. Der Lagerring für die Klauen läuft auf einem Drucklager. Beim Drehen der Gewindespindel verkürzt sich der Abstand zwischen Klauenhaken und Gegenlager, was das Herausziehen eines Ringes oder Lagers bewirkt. Der Kraftschluß stellt sich zwischen Gegenlager, Werkstück und Abziehklaue ein.

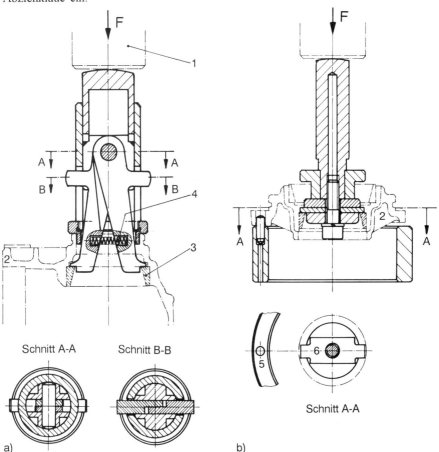

Bild 3.108: Vorrichtung zum Auspressen von Lagerringen

a) Pressen mit Spreizbacken, b) Pressen mit Druckplatte, 1 Preßstempel, 2 Montagebaugruppe, Gußgehäuse, 3 Außenring eines Kegelrollenlagers, 4 Spreizbacken, 5 Fixierstift, 6 Druckplatte, F Preßkraft

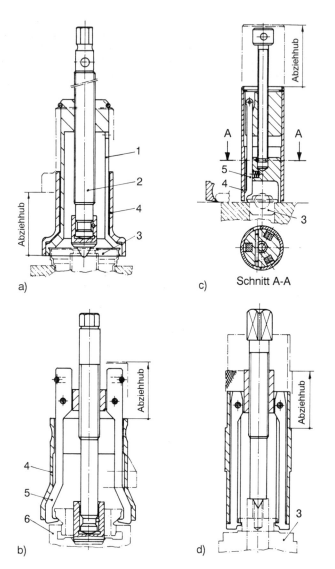

Bild 3.109: Abziehvorrichtungen

a) Abziehen einer Schutzhülse, b) Abziehen einer Buchse, c) Abziehen einer Kugelrollbuchse, d) Abziehen einer Formscheibe von der Welle, 1 Schlitz - 12mal am Umfang, 2 Stützspindel, 3 Werkstück, 4 Sperrhülse, 5 Klaue, 6 Basisteil

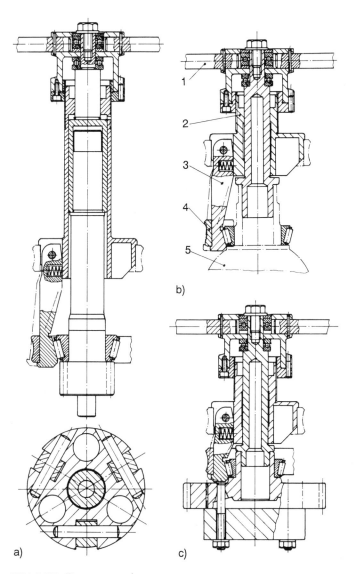

Bild 3.110: Demontagewerkzeuge

a) Abziehvorrichtung für Lager von Wellen, b) Abziehen eines Kegelrollenlagers, c) Abziehen eines Lagers vom Zahnrad, 1 Handhebel, 2 Druckstütze, 3 Zugklaue, 4 Sperr-Ring, 5 Basisteil

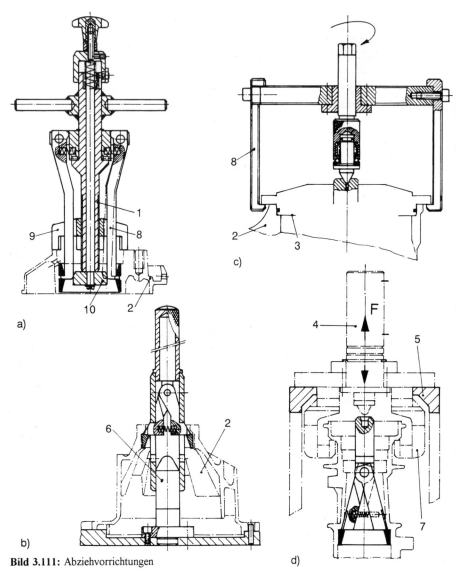

Bild 3.111: Abziehvorrichtungen

a) Ausziehen eines Lagerringes, b) Auspressen mit geführter Vorrichtung, c) Abziehen eines Flanschdeckels, d) Auspressen eines Lagers, 1 Druckspindel, 2 Basisteil, 3 Flansch, 4 Preßzylinder, 5 Aufnahmegestell, 6 Druckhülsenführung, 7 Halteklauen der Auflagevorrichtung, 8 Abziehklaue, 9 Gegenlager, 10 Sperrstück

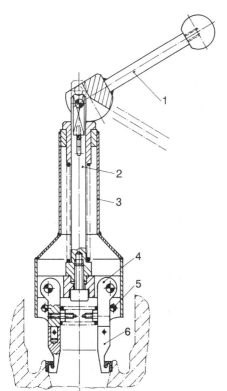

Bild 3.112: Handvorrichtung zum Ausziehen eines Wellendichtringes

1 Handhebel, 2 Zugstange, 3 Aussenglocke, 4 Backe, 5 Anlagestift, 6 Greifkralle

Die Vorrichtung nach Bild 3.112 zum Ausziehen eines Wellendichtringes arbeitet wie folgt: In der Ausgangsstellung drücken die Anlagestifte am Hebelauslauf an der Nabe der Kralle. Dadurch sind die Krallen fast auf Achsmitte für das Einstecken zusammengefahren. Wird nun der Exzenterhebel geschwenkt, dann spreizen sich die Krallen auf den Durchmesser des Ausziehobjekts. Jetzt zieht man einfach an der Außenglocke. Der Wellendichtring wird damit herausgezogen. Die Vorrichtung stützt sich also nicht am Objekt ab. Diese Art der Demontage ist natürlich nur angängig, wenn der Dichtring nicht sehr fest sitzt.

In Bild 3.113 werden nochmals zwei Lösungen für das Abziehen von Wälzlagern vorgestellt. Mit Aufsatzhülsen läßt sich der Druckpunkt der Spindel passend zum Wellenende verschieben. Bei der Lösung nach Bild 3.113b wird die Sperrhülse nicht nur aufgeschoben, sondern mit einer Gewinde-Stellhülse gegen die Anlageschräge verspannt. Mit einem Steckschlüssel wird dann über die Gewindespindel die Ausziehbewegung aufgebracht. Das Prinzip läßt sich auch auf andere ähnliche Fälle anwenden.

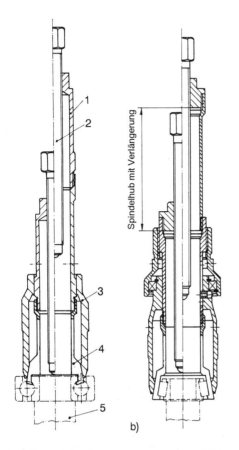

Bild 3.113: Handvorrichtungen zum Abziehen von Wälzlagern mit Spannzangen

a) Ausziehen eines Rillenkugellagers, b) Ausziehen eines Kegelrollenlagers, 1 Verlängerungshülse, 2 Druckspindel, 3 Sperrhülse, 4 Klaue, Teil einer geschlitzten Hülse, 5 Basisteil

Das Bild 3.114 enthält eine Demontagevorrichtung, mit der z.B. Gleitlager aus einem Gehäuse ausgezogen werden können. Die Vorrichtung ist an einem Seilbalancer befestigt. Man setzt die Vorrichtung auf das Gehäuse auf, dabei taucht die Spannzange bereits in das Gleitlager ein. Per Knopfdruck beginnt der untere Druckluftzylinder eine Kegelstange in Bewegung zu setzen, wobei sich die Spannzange spreizt und das Lager klemmt. Nun wird der obere Druckluftzylinder eingeschaltet. Da die Kolbenstange festgelegt ist, verschiebt sich der Zylinder, d.h. die Spannzange zieht das Lager aus dem Gehäuse.

Das Bild 3.115 zeigt den Ablauf der automatischen Demontage einer Paßfeder mit einem "Beißgreifer". Der Schieber 1 ist schwimmend gelagert. Die Druckfeder 3 erzeugt einen Gegendruck, bis die Backen die Scheibenfeder gepackt haben. Mit der Stellschraube 2 wird der Schieberweg so eingestellt, daß die Backen dicht am Wellenumfang stehen. Der Weg a bewirkt das Greifen des Objekts und der Weg b

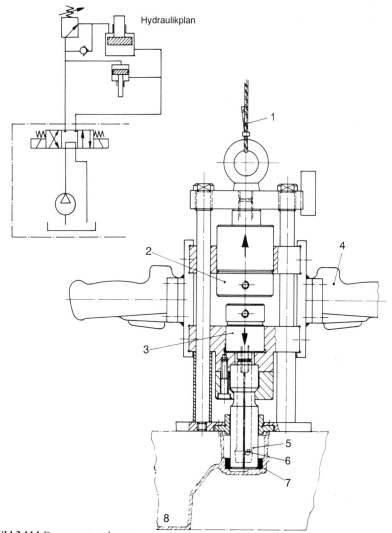

Bild 3.114: Demontagewerkzeug

Die Kräfte werden hydraulisch aufgebracht. Zur Steuerung dient ein 4/3-Wegeventil.

1 Seilaufhängung am Seilbalancer, 2 Ausziehzylinder, 3 Spannzangenzylinder, 4 Handgriff mit Auslösetaster, 5 Spannzange, 6 Kegelstange, 7 Gleitlager, 8 Basisteil

das Herausziehen der Scheibenfeder. Der Öffnungswinkel α der Greifbacken wird durch die Nutmuttern 5 eingestellt. Der Druckluftanschluß c bewirkt das Auswerfen der Paßfeder und Anschluß d das Ziehen derselben.

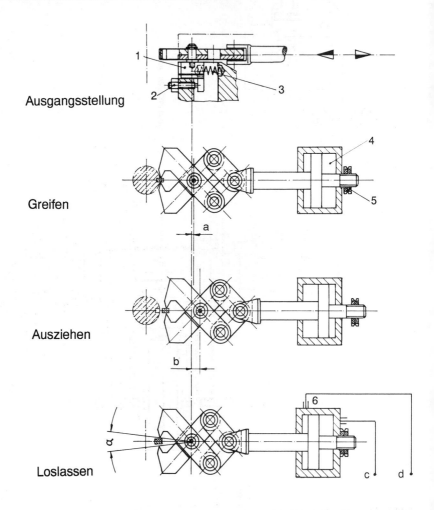

Bild 3.115: Demontage einer Paßfeder mit einem "Beißgreifer"

1 Schieber, 2 Stellschraube für Schieberhub, 3 Druckfeder, 4 Arbeitszylinder, 5 Nutmutter zur Einstellung der Öffnungsbewegung, 6 Fluidanschluß

3.9 Spanneinrichtungen

Werkstückspanner bringen Füge- oder Basisteile in eine bestimmte Lage und halten sie fest. Sie können auf Montageplätzen oder Montageträgern aufgebaut sein und die Spannkraft kann manuell oder maschinell aufgebracht werden. Meistens wird auch verlangt, daß die Spannelemente einen Niederzug gegen die Auflageelemente erzeugen. In Bild 3.116 wird dieser Effekt durch angeschrägte Druckbolzen erzeugt. Das Spannsystem besteht aus einer Rechts-Links-Gewindespindel mit Weiterleitung der Spannkraft über Keilelemente bis zum Druckbolzen. Zum Spannen des Werkstücks wird ein Spannmotor an der Spindel angesetzt oder es wird manuell mit einem Schlüssel gespannt. Die Werkstückspanner nach Bild 3.117 werden ausschließlich von Hand bedient.

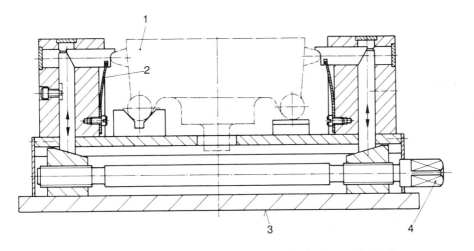

Bild 3.116: Montageträger mit aufgebauter Spanneinrichtung für das Montagebasisteil
1 Basisteil, 2 Blattfeder, 3 Montageträgerplatte, Rollfläche, 4 Spannspindel mit Rechts-Links-Gewinde-Spannmutter

Für das Spannen von Montagebasisteilen auf Montageträgern werden in Bild 3.118 einige Spannsysteme gezeigt. Wird in Bild 3.118a die Schraube gelöst, dann schwenkt der Spannriegel von selbst beiseite. Das wird durch die Federbremse über Friktion erreicht. Beim Lösen der Spindel nach Bild 3.118c kann die gesamte Spindelhalterung angehoben und umgelenkt werden. Je nach Größe des Basisteils sind unterschiedlich viele Spannelemente am Umfang anzuordnen.

Bei der in Bild 3.119 gezeigten Vorrichtung wird das Basisteil mit n-Fügestellen auf dem Drehteller in Fixierelementen plaziert. Nach dem Fügen wird dann die Tischspannung gelöst und das Basisteil samt Drehteller wird manuell in die nächste

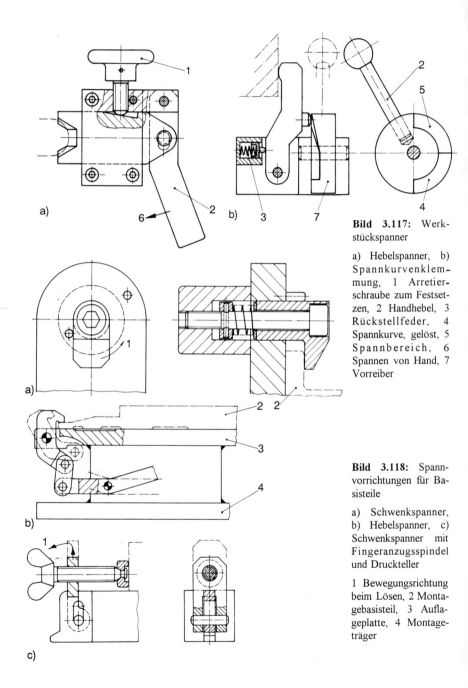

Bild 3.117: Werkstückspanner

a) Hebelspanner, b) Spannkurvenklemmung, 1 Arretierschraube zum Festsetzen, 2 Handhebel, 3 Rückstellfeder, 4 Spannkurve, gelöst, 5 Spannbereich, 6 Spannen von Hand, 7 Vorreiber

Bild 3.118: Spannvorrichtungen für Basisteile

a) Schwenkspanner, b) Hebelspanner, c) Schwenkspanner mit Fingeranzugsspindel und Druckteller

1 Bewegungsrichtung beim Lösen, 2 Montagebasisteil, 3 Auflageplatte, 4 Montageträger

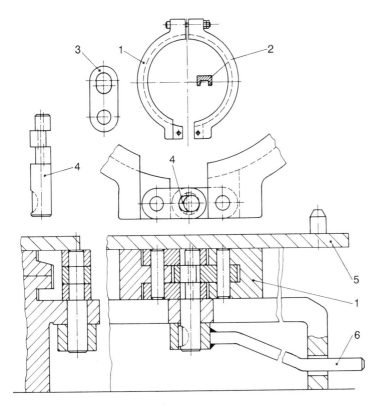

Bild 3.119: Rundtischaufbau unter einer Presse zum Fügen von Lagern und Buchsen durch Einpressen

1 Spannring, 2 Querschnitt des Spannrings, 3 Lasche (3 Stück), 4 Exzenterwelle, 5 Drehteller, 6 Feststell-Handhebel

Fügeposition bewegt. Dann wird der Drehteller erneut gespannt. Dafür ist ein geteilter Spannring vorgesehen, der beim Spannen zusammengezogen wird. Kegelschrägen am Drehtisch und im Innern des Ringes bewirken die Klemmwirkung.

Das Bild 3.120 zeigt Montageaufnahmen, bei denen das Spannen durch einen Tellerfedersatz geschieht. Die Spannung muß an den Einlege- und Entnahmestellen gelüftet werden, was durch Auflaufen von Druckstößeln gegen eine feste Kurve geschehen kann. Auch kraftbetätigtes Lüften über einen Winkelhebel ist möglich. Das ist in Bild 3.120c zu sehen. Bei dieser Variante geht es nicht um das Innenspannen von Buchsen, sondern um das Außenspannen von abgesetzten Rundteilen und zwar in Doppelspannung.

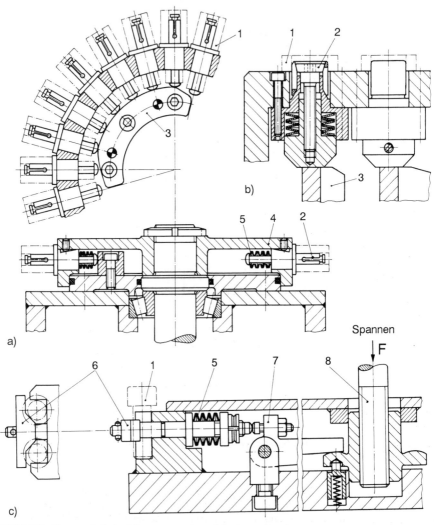

Bild 3.120: Spanntechnische Lösungen an einem Montageautomaten

a) horizontale einreihige Anordnung von Innenspannzangen, b) mehrreihige Anordnung von Spannstellen auf einer Rundtischfläche, c) Doppelspannung an einer Haltevorrichtung, 1 Basisteil, 2 Innenspannzange, 3 feststehende Kurve, 4 Drehteller, 5 Tellerfedersatz, 6 Spannjoch, 7 Hebel zum Lösen der Spannung, 8 Druckstange

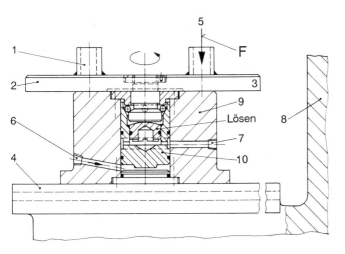

Bild 3.121: Hilfsvorrichtung zum Plazieren von Fügeteilen unter einer Presse
1 Werkstückaufnahme, 2 Drehteller, 3 Drehen des Tellers von Hand, 4 Pressentisch, 5 Einpreßmittel und Mitte des Pressenstößels, 6 Druckluftanschluß-Festsetzen des Tisches, 7 Druckluftanschluß-Lösen der Drehtischklemmung, 8 Pressenständer, 9 Gehäuse, 10 Klemmkolben, F Preßkraft

In Bild 3.121 ist eine Aufnahmevorrichtung für zu verpressende Fügeteile zu sehen. Sie wird auf den Tisch einer Presse aufgebaut. Während des Pressens kann man in der zweiten Werkstückaufnahme neue Teile einlegen. Beim Pressen wird der Tisch (Drehteller) geklemmt. Der Drehteller ist auswechselbar. Die Wechselteller sind bereits für andere Preßaufgaben eingerichtet. Beim Klemmvorgang steigt der Klemmkolben nach oben und preßt die Kugeln nach innen. Dadurch wird die Tischplatte nach unten gegen das Gehäuse gezogen. Beim Lösen drückt der Lösekolben nach oben und gleichzeitig bewegt sich der Klemmkolben nach unten.

Für ein brückenähnliches Gehäuse zeigt Bild 3.122 eine Spannvorrichtung, die auf einen Montageträger aufgebaut ist. Auf diesem fahren einige Fügeteile mit, bis sie an der entsprechenden Montagestation aus ihren Formnestern manuell oder maschinell entnommen und gefügt werden. Die Spannkraft wird per Handrad erzeugt, wobei die 4 Spannpratzen ausschwenken und das Gußstück von innen halten. Dieses wird außerdem mit einem Bolzen im Aufnahmezentrum fixiert.

Etwas ähnliches ist im nächsten Bild zu sehen. Bei der in Bild 3.123 gezeigten Spanneinrichtung, die wiederum auf einer Montageträgerplatte aufgebaut ist, wird das Spannen mit einem Spindeltrieb vollzogen. Auf dem Montageträger befinden sich Ablageaufnahmen für Fügeteile oder vormontierte Unterbaugruppen, z.B. Triebsätze. In der Vorrichtung werden normalerweise die Montagebasisteile gespannt. Durch die besondere Form der Spannpratzen wird auch ein Niederzug gegen die Auflagefläche erreicht. Dargestellt ist eine Handspannung. Man kann aber auch Koppelelemente vorsehen, die den Ansatz eines automatischen Schraubers möglich machen.

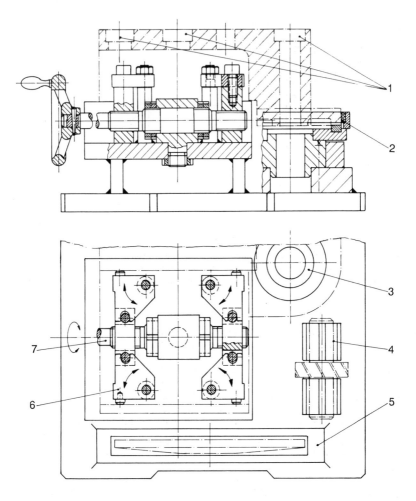

Bild 3.122: Montageträger, der mit einer Spannvorrichtung und Ablageplätzen für Montageteile ausgestattet wurde

1 Fügestellen (Einpressen von Lagern), 2 Kunststoff-Schonauflage, 3 Aufnahmezentrum, 4 Auflage, Formnest für ein verzahntes Montageteil, 5 Formnest für das Einstecken eines Deckels, 6 Spannbacken, 7 Rechts-Linksgewinde-Spindel

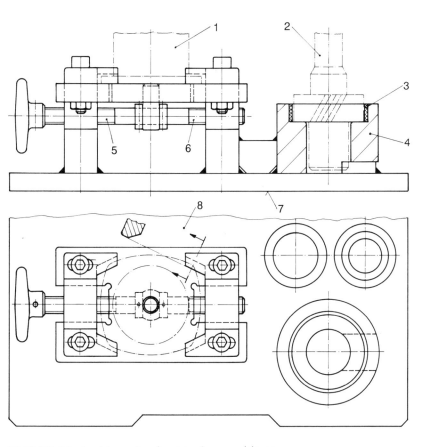

Bild 3.123: Montageträger mit aufgesetzter Spannvorrichtung

1 Basisteil, 2 Montageteil, 3 Auspolsterung, Kunststoff, 4 Werkstückaufnahme, 5 Gewindespindel (Rechtsgewinde), 6 Linksgewinde, 7 Auflagefläche auf Rollenförderer, 8 Grundplatte des Montageträgers

Verschiedene Spannmechanismen sind in Bild 124 zu sehen, wobei zum Teil allerhand mechanischer Aufwand bemüht wird. Bei der Vorrichtung nach Bild 3.124a wird die Spannkraft über eine Feder aufgebracht. Dazu muß aber das Gestänge in eine Strecklage gebracht werden. Die Spannkraft ist relativ gering. Die Umlenkung der Bewegung über Keilflächen wird z.B. bei der Lösung nach Bild 3.124b ausgenutzt. Die erforderliche Schubbewegung mit der Kraft F kann auch über ein Zahnstange-Ritzel-Getriebe erfolgen, wie man es in Bild 3.125 sieht.

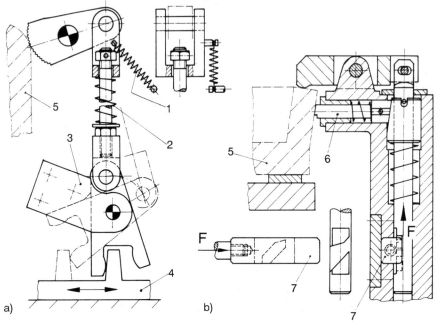

Bild 3.124: Werkstückspanneinrichtungen
a) Federklemmer, b) Hebelspanner, 1 Rückholfeder, 2 Spannkraftfeder, 3 Befestigungsplatte, 4 Betätigungsschieber, 5 Basisteil, 6 Stützanschlag, 7 Keilschieber

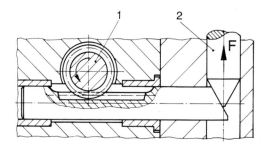

Bild 3.125: Die Spannbewegung wird mit einem Zahnstange-Ritzel-Getriebe erzeugt.
1 Antriebsritzel, 2 Keilschieber

Spannmittel mit jeweils gegenüberliegenden Spannelementen werden in Bild 3.126 vorgestellt. Bei den Innenspannern (Bild 3.126a und d) wird das Teil über eine Vorzentrierplatte aufgelegt. Die ausfahrenden Keilbolzen tragen Druckschrauben, mit denen noch Justierungen der Werkstücklage möglich sind. Mit Keilschiebern arbeiten auch die Außenspanner, wobei der Antrieb von einem Plungerkolben ausgeht, in den man Keilschrägen eingearbeitet hat. Bei Rundumanordnung der Spannelemente kommt eine Zentrierwirkung auf Vorrichtungsmitte zustande.

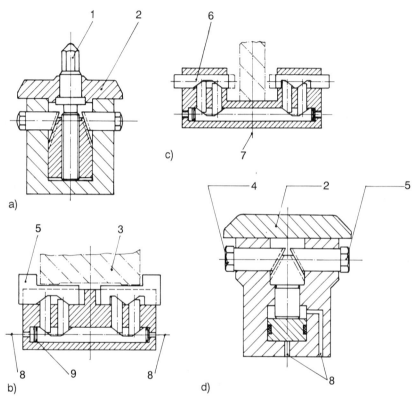

Bild 3.126: Vorrichtungen zum Ausrichten und Spannen von Werkstücken

a) Handspannung, b) pneumatisches Keilschiebersystem, c) Rundbolzensystem, d) pneumatisches Keilspannsystem, 1 Schlüsselfläche, 2 Vorzentrierplatte, 3 Werkstück, 4 Hauptzentrierbolzen, 5 bei Bedarf kann Schraube verstellt werden, 6 Rundbolzen, 7 Ausrichtmitte, 8 Fluidanschluß, 9 O-Ring

In Bild 3.127 geht es wiederum um Spannmittel, die gleichzeitig eine Ausrichtung auf Bohrungsmitte sichern. Die Dehnhülse baucht sich aus, wenn die Zugkraft F aufgebracht wird und federt beim Nachlassen der Spannung wieder in die

Ausgangslage zurück. Ringspannelemente erzeugen ziemlich große Kräfte. Anstelle der Spannmutter kann z.B. auch ein Exzenterspanner mit Handhebel angebaut werden.

Als weiteres Beispiel sei eine einfache Spannvorrichtung für ein Getriebegehäuse gezeigt (Bild 3.128). Sie ist auf einen Montageträger aufgebaut. Die Spannbacken sind mit Schneide ausgestattet. Anstelle der Spannschraube kann man auch hier andere Druckerzeuger vorsehen, z.B. untergesetzte kleine Hubzylinder oder auch manuell betätigte Spannexzenter.

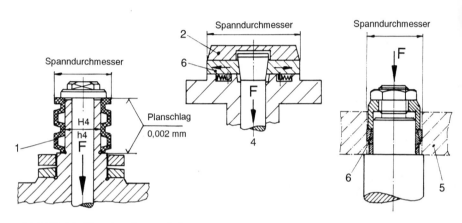

Bild 3.127: Kraftbetätigte Spannaufnahmen

1 Spiethspannhülse, 2 Grobzentrierstück, 3 Kegelring, 4 Zugstange, 5 Werkstück, 6 Spannelement, F Druck- bzw. Zugkraft

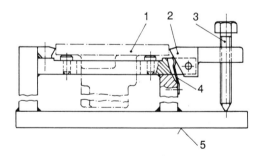

Bild 3.128: Spannen eines Getriebegehäuses auf einem Montageträger

1 Basisteil, 2 Beißspannbacken, 3 Spannschraube, 4 Blattfeder zur Backenrückstellung, 5 Rollfläche des Montageträgers auf der Rollenbahn

In Bild 3.129 werden nochmals Zentrierspanner für Gußstücke vorgestellt. Sie zeichnen sich dadurch aus, daß beim Spannhub Schrägschieber mit spitzverzahnten Backen eingefahren werden. Dabei kommt es auch zu einem Niederzug des Spannteils gegen die Anlagefläche. Die Zug- bzw. Lösekraft kann z.B. von einem Pneumatikzylinder aufgebracht werden.

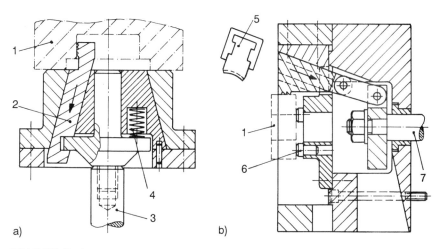

Bild 3.129: Backenspanner

a) Innenspannen eines Gußteiles, b) Außenspannen eines Basisteils, 1 Werkstück, 2 Schrägschieber mit "Beißbacken", 3 Lösestange, 4 Spanndruckfeder, 5 Spannbackenführung, 6 Auflage, 7 Zugstange

Zum Thema "Spannen bei Werkstattmontage" sollen abschließend einige Lösungen gezeigt werden. Nicht unbedingt neu, aber immer noch unverzichtbar sind Spannstöcke, wie sie das Bild 3.130 zeigt. Ihre flexible Nutzung macht aber neue Elemente nötig.

Das Spannen von Werkstücken erfordert meistens eine Anpassung der Spannelemente an die Form des Werkstücks an der Spannstelle. Es gibt aber auch Versuche, Spannelemente flexibel zu machen, d.h. es wird eine begrenzte Anpaßbarkeit an die Werkstückform und -größe gesichert. Das Bild 3.131 zeigt eine solche Vorrichtung. Die Spannelemente können pendeln, die Spannbewegung und die Anpassung an die Werkstückgröße werden über einen Spindeltrieb gewährleistet. Das Spannen kann manuell oder motorisch erfolgen, wenn geeignete Antriebe vorgesetzt werden. Wie vielfältig diese recht einfache Mechanik eingesetzt werden kann, ist aus den Beispielen in Bild 3.132 ersichtlich. Sie kann Rund-, Flach- und Formteile ebenso spannen, wie z.B. Biegeteile, Rohrstücke und Halbzeugprofile. Dieses Spannmittel ist für den Werkstattbetrieb gedacht, also für manuelle Handhabung.

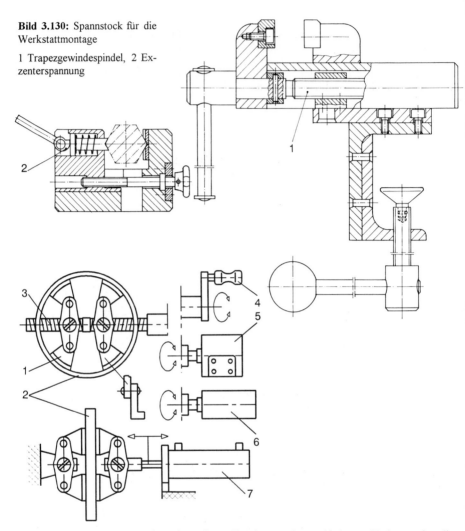

Bild 3.130: Spannstock für die Werkstattmontage

1 Trapezgewindespindel, 2 Exzenterspannung

Bild 3.131: Spannsystem mit universellem Charakter und verschiedenen Varianten für die Spannkrafterzeugung

1 Pendelbacke, 2 Werkstück, 3 Rechts-Links-Gewindespindel, 4 Handkurbel, 5 Getriebemotor, 6 Fluidmotor, 7 Linearzylinder

Bild 3.132: Vielfalt der Spannmöglichkeiten von Montageteilen mit einem einfachen Backensystem, gezeigt an 18 Beispielen (siehe die folgenden Seiten)

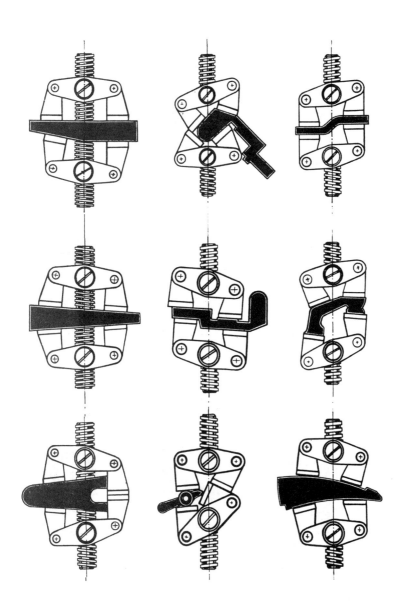

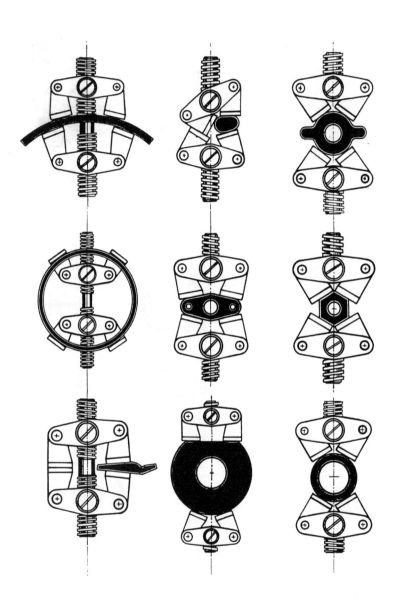

3.10 Positionierhilfen

Positionierhilfen sind alle Maßnahmen und Mittel an Fügeteilen und Fügeeinrichtungen, die das "Sich finden" der Fügepartner unterstützen. Dazu gehören Einführschrägen an den Fügeteilen ebenso, wie nachgiebige Auflagen für die Basisteile. So müssen z.b. bei einer taktweisen Montage auf einem Automaten folgende Positionierfehler verkraftet werden:

→ Positionierfehler der Takteinrichtung, z.b. ein Rundtisch,

→ Aufspannfehler des Montagebasisteils,

→ Positionierfehler der Fügeeinrichtung, z.b. eine Pick-and-Place-Einheit, und

→ Fertigungstoleranzen von Basis- und Fügeteil.

Ein ähnliches Toleranzspektrum erhält man, wenn in einer Montagezelle mit dem Roboter montiert wird.

Ein Ausgleich von Positionsabweichungen ist gesteuert oder ungesteuert möglich. Ein gesteuertes Finden der Zielposition erfordert die Anwendung von Sensoren und korrigierende Feinbewegungen der ausführenden Einheit. Ungesteuerte Mittel benötigen keine Sensoren. Sie können z.B. nach dem Konzept der RCC-Einheiten ausgelegt sein. Das sind Fügemechanismen, die beim Einstecken eines Bolzens in eine Bohrung Lateral- und Angularfehler selbsttätig kompensieren. Dafür sind elastomere Körper oder Blattfedern zwischen Greifer und Roboterarm in einer besonderen Anordnung eingebaut. Das Bild 3.133 zeigt das Prinzip. Diese RCC-Einheiten (remote centre compliance) sind handelsüblich verfügbar. Sie gleichen mühelos Positionsabweichungen von 2 mm bei einem Orientierungsfehler von 2° aus, wobei das minimal zulässige Spiel der Fügepartner bei 0,01 mm liegen

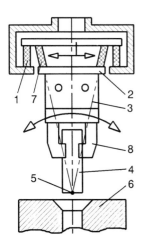

Bild 3.133: Fügehilfe für den Ausgleich von Positions- und Winkelfehlern

1 Lateralausgleich, 2 Greifertragplatte, 3 Parallelgreifer, 4 Werkstück, 5 scheinbarer Drehpunkt beim Winkelausgleich, 6 Montagebasisteil, 7 Winkelausgleich ,8 Greifbacke

darf. In welchen Schritten der Winkelausgleich abläuft, kann man in Bild 3.134 sehen. Das Fügeteil wird förmlich in die Bohrung hineingezogen, wobei die Gummifedern bzw. elastomeren Elemente entsprechend nachgeben. Die Funktion erfordert aber Fügefasen am Basisteil (Bohrung) und/oder am Fügeteil (Bolzen), weil sonst die für das Querschieben notwendigen Kräfte nicht entstehen. Es gibt auch gesteuerte Fügemechanismen, die nach Sensorsignalen Korrekturbewegungen auslösen.

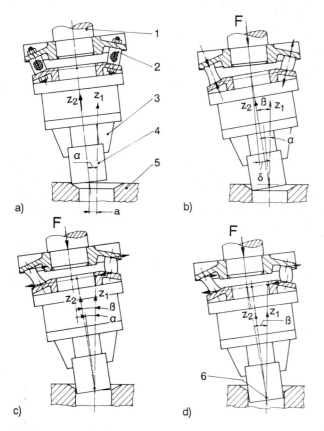

Bild 3.134: Fügeablauf mit Winkelausgleich

a) erste Berührung von Montage- und Basisteil; durch die Einführschräge entstehen Querkräfte, b) die fehlerhafte Position ist kompensiert, c) durch das Bewegen in Z-Richtung vergrößert sich noch die Winkelabweichung, d) Ausgleich des Winkelfehlers α, 1 Industrieroboter, 2 Fügemechanismus mit Elastomerfedern, 3 Greifer, 4 Montageteil, 5 Basisteil, 6 scheinbarer Drehpunkt des Montageteils, α Lateralfehler, β Winkelabweichung nach dem Lateralausgleich, F Fügekraft

Das Bild 3.135 zeigt eine Montageeinrichtung, die Fügeteile in der Peripherie mit einem Spannzangengreifer aufnimmt und zur Montagestelle bringt. Eine ausgleichende Wirkung bezüglich der Position kommt zustande, wenn das Montageteil auf dem Basisteil aufsitzt. Dabei hebt sich der Kegel und bekommt seitliches Spiel. Dadurch kann jetzt die Fügeachse nach der erforderlichen Seite ausweichen. Auch eine gewisse Anpassung im Winkel ist möglich. Voraussetzung für das Funktionieren sind aber Einführschrägen am Fügeteil und/oder am Basisteil, weil sonst keine Kräfte quer zur Fügeachse entstehen. Außerdem ist zu sehen, daß in der Montageposition der Schwenkarm in einer Positionierhülse genau ausgerichtet wird.

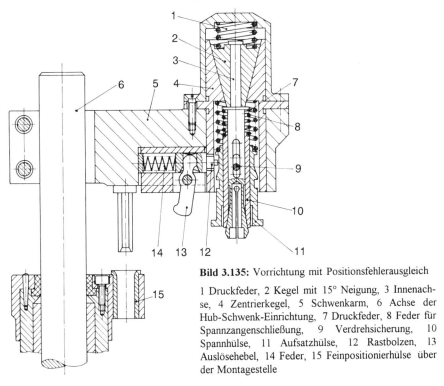

Bild 3.135: Vorrichtung mit Positionsfehlerausgleich
1 Druckfeder, 2 Kegel mit 15° Neigung, 3 Innenachse, 4 Zentrierkegel, 5 Schwenkarm, 6 Achse der Hub-Schwenk-Einrichtung, 7 Druckfeder, 8 Feder für Spannzangenschließung, 9 Verdrehsicherung, 10 Spannhülse, 11 Aufsatzhülse, 12 Rastbolzen, 13 Auslösehebel, 14 Feder, 15 Feinpositionierhülse über der Montagestelle

Eine interessante Vorrichtung zum Ausgleich von lateralem Achsversatz wird in Bild 3.136 vorgestellt. Die Auflageplatte, auf der das Basisteil ruht, ist mit der schrägen Mittelachse eines Rotors verbunden. Der Rotor dreht sich mit 400 bis 1500 min^{-1}. Wird das Fügen versucht, und die Achsen stimmen nicht überein, dann wird das Basisteil samt Auflageplatte nach unten gedrückt. Das führt dazu, daß die Achsmitte des Basisteils einen spiraligen Suchweg beschreibt. Im Moment der Übereinstimmung beider Achsmitten kommt der Fügevorgang in Gang.

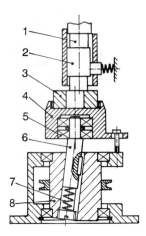
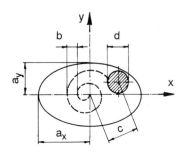

Bild 3.136: Positionsausgleich mit Suchmuster

1 Preßstößel, 2 Fügeteil, 3 Basisteil, 4 Aufnahmeplatte, 5 Kugellager, 6 Achse mit einer Schräge von 3° bis 5°, 7 Feder, 8 Rotor, a Suchbereich, b Suchwegabstand, c Ausgleichsabstand, d Fügeteildurchmesser

Etwas ähnliches ist die Fügevorrichtung nach Bild 3.137. Beim Versuch des Fügens, Einstecken des Fügeteils in das Basisteil, verschiebt sich letzteres, wenn die Achsen nicht übereinstimmen. Die Auslenkung der gefederten Aufnahmeplatte 5 geschieht linear in einer Richtung. Gleichzeitig werden quer dazu Schwingungen aufgebracht. Der Fügevorgang läuft auch hier in dem Moment ab, in welchen die Übereinstimmung der Achsen erreicht ist.

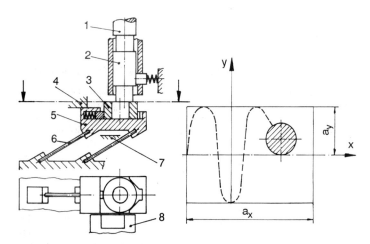

Bild 3.137: Ausgleichsmechanismus auf der Basis von Schwingungen

1 Preßstößel, 2 Montageteil, 3 Basisteil, 4 Anschlag, 5 Aufnahmeplatte, 6 Federstab, 7 untere Anschlag, 8 Vibrator, a Suchbereich

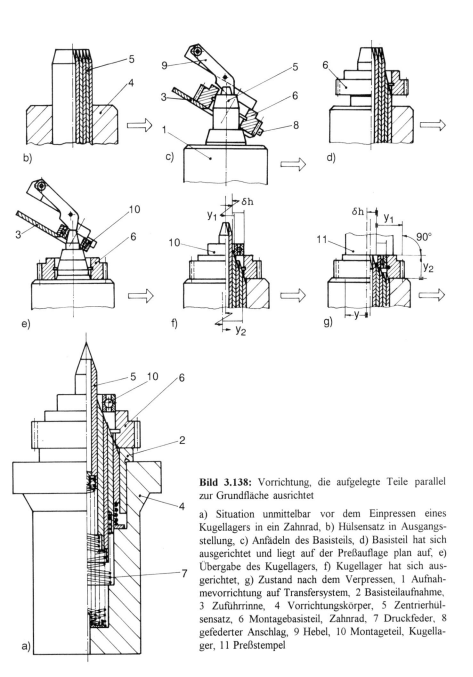

Bild 3.138: Vorrichtung, die aufgelegte Teile parallel zur Grundfläche ausrichtet

a) Situation unmittelbar vor dem Einpressen eines Kugellagers in ein Zahnrad, b) Hülsensatz in Ausgangsstellung, c) Anfädeln des Basisteils, d) Basisteil hat sich ausgerichtet und liegt auf der Preßauflage plan auf, e) Übergabe des Kugellagers, f) Kugellager hat sich ausgerichtet, g) Zustand nach dem Verpressen, 1 Aufnahmevorrichtung auf Transfersystem, 2 Basisteilaufnahme, 3 Zuführrinne, 4 Vorrichtungskörper, 5 Zentrierhülsensatz, 6 Montagebasisteil, Zahnrad, 7 Druckfeder, 8 gefederter Anschlag, 9 Hebel, 10 Montageteil, Kugellager, 11 Preßstempel

Das Zentrieren von Fügeteilen auf Achsmitte wird bei der Lösung nach Bild 3.138 mit Hilfe eines Hülsensatzes erreicht. Die Hülsen sind gefedert und bilden zusammen im Ausgangszustand einen Kegeldorn. Aufgelegte Teile drücken durch ihre Masse einzelne Ringe nach unten, was sich auf das Werkstück zentrierend auswirkt, weil unbelastete Ringe infolge ihrer Abfederung stehen bleiben und damit eine formpaarige Lagesicherung darstellen. Wandern diese Aufnahme- und Zentriervorrichtungen an Zuführrinnen für Fügeteile entlang, dann können sie diese selbsttätig übernehmen (Bild 3.138c und e). Das Fügen durch Verpressen erfolgt dann an einer Preßstation (Bild 3.138g).

Nachgiebige Auflagen anderer Art werden in Bild 3.139 vorgestellt. Es sind Aufnahmemittel für Basis- oder Fügeteile, z.B. Auflageprismen, die für einen waagerechten Fügevorgang bereitgehalten werden. Da es immer mehr oder weniger große Abweichungen der Fügeachsen gibt, kann das aufliegende Teil durch die federnde Wirkung etwas nachgeben, d.h. sich passend einrichten. Auch für innen aufzunehmende Teile lassen sich radial und axial nachgiebige Dorne in gleicher Weise gestalten. Das dem Fügen vorangehende ''Anfädeln'' der Fügepartner kann unterstützt werden, wenn man noch Schwingungen auf die Aufnahme überträgt. Die Anwendung wird in den folgenden Darstellungen nochmals vertieft.

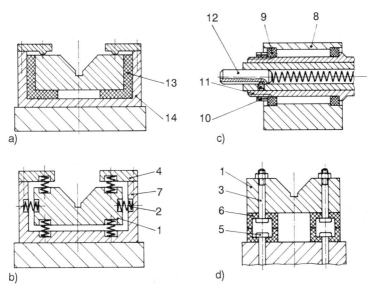

Bild 3.139: Stützauflagen

a) Prisma in Gummiabfederung, b) nachgiebiges Auflageprisma, c) Gummiring-Lagerung, d) Gummiprofilabfederung, 1 Auflageprisma, 2 Druckfeder, 3 Befestigungsschraube, 4 Deckplatte, 5 Halteschraube, 6 Gummiprofil-Leiste, 7 Befestigung zur Vorrichtung, 8 Gehäuse, 9 Gummilager, 10 Ringmutter, 11 Führungshülse, 12 Zentrierdorn, 13 Plattengummi, 14 Gehäuse

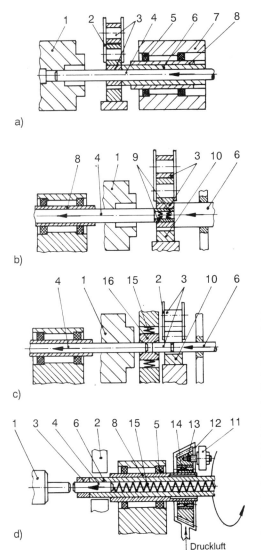

Bild 3.140: Positionsfehlerausgleich durch nachgiebige Elemente

a) Vor dem Fügen wird eine Achse eingeschoben. b) Das Basisteil führt einen Hilfsdorn mit gefederter Aufnahme. c) Eine Hilfsbuchse übernimmt zeitweilig die zentrische Führung des zu fügenden Bolzens. d) Ein Unwuchtmotor erzeugt Schwingungen, die das Finden der Fügepartner begünstigen. 1 Basisteil, 2 Schachtmagazin, 3 Fügeteil, 4 Hilfsdorn, 5 Gummilagerung, 6 Fügewerkzeug, 7 Fügevorrichtung, 8 Lagerung, 9 gefederte Schalen, 10 Auflagen, 11 Unwuchtkörper, 12 Gehäuse, 13 Druckluftrotor, 14 Kugellager, 15 Feder, 16 Hilfsbuchse

Das Bild 3.140 zeigt das Waagerecht-Fügen von Buchsen und Stiften. Um eine Übereinstimmung der Fügeachsen zu erreichen, werden Hilfsdorne eingeschoben. Das erzwingt die Ausrichtung und garantiert einwandfreies Fügen. Bei der Lösung nach Bild 3.140d werden zusätzlich Schwingungen aufgebracht, die von einer rotierenden Unwuchtmasse erzeugt werden.

Zum exakten Positionieren werden auch "feste" Stützauflagen gebraucht, insbesondere beim Fixieren der Basisteile in Spannvorrichtungen. Das Abstützen der Basisteile ist bei großen Teilen unerläßlich, vor allem auch an jenen Stellen, an denen Teile eingepreßt werden. Dann ist die Preßkraft abzuleiten. Das Bild 3.141 zeigt einige Lösungen, wobei immer das Keilprinzip mit im Spiel ist. Es kommt auch öfters vor, daß in zwei Achsrichtungen positioniert und gestützt werden muß. Bei der Lösung nach Bild 3.141a werden die Spannwirkungen von einem Bolzen mit mehreren Keilabtrieben erzeugt. Zum Erreichen der Ausgangsstellung werden gewöhnlich Federn integriert. Der Stützbolzen nach Bild 3.141b stellt sich durch Federkraft selbst ein. Erst dann wird die Stellung mit einem Keilelement verriegelt.

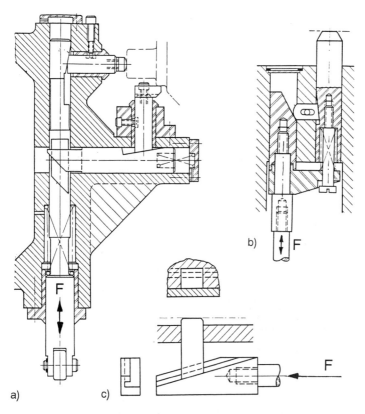

Bild 3.141: Vorrichtungen zum Stützen von Basisteilen auf Montageplätzen und Montageträgern

a) Stützsystem, welches in 2 Ebenen stützt und positioniert, b) Stützbolzen mit Bolzenklemmung, c) Abstützen mit Hilfe eines Keilschiebers, F Andrückkraft

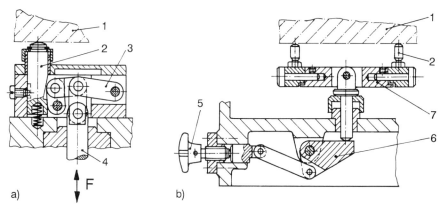

Bild 3.142: Anwendung von Hebelsystemen für einstellbare Stützauflagen

a) Kniehebelsystem als Klemmung, b) Winkelhebel als Stellsystem, 1 Basisteil, 2 Stützbolzen, 3 Hebelsystem, 4 Zugstange, 5 Drehgriff, 6 Winkelhebel, 7 Pendelstütze

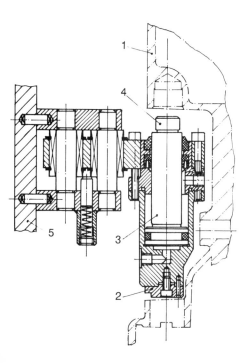

Bild 3.143: Preßeinrichtung mit schwimmender Befestigung

1 Basisteil, 2 Zentrier- und Abstützplatte, 3 Preßkolbenstange, 4 Aufnahmedorn für Fügeteil, 5 Gestell

135

Bei den in Bild 3.142 gezeigten Stützauflagen werden vorzugsweise Hebelsysteme für die Anstell- bzw. Klemmbewegung verwendet.

In Bild 3.143 ist eine Preßeinrichtung für Buchsen, Ringe u.a. zu sehen, bei der sich die Vorrichtung im Basisteil ausrichtet. Damit stimmen Bearbeitungs- und Fügeachse exakt überein. Gleichzeitig stützt sich die Preßkraft am Basisteil ab. Dadurch wird der Kraftfluß über das Basisteil geschlossen und es gibt keine Beanspruchung des Gestells. Die Vorrichtung kann sich in Richtung der Fügeachse selbsttätig einstellen.

3.11 Montagehilfsmittel

Als Montagehilfsmittel sind in diesem Buch alle Einrichtungen zu verstehen, die gewissermaßen als Peripherie eines Montageplatzes verstanden werden können bzw. die den manuellen Montageplatz selbst darstellen. Im weiteren sind das Ausrüstungsgegenstände in der Montage.

Bei Einzelplatzmontagen müssen sich die Geräte und Werkzeuge den dort ablaufenden typischen Grundbewegungen Hinlangen-Greifen-Bringen-Fügen-Loslassen unterordnen. Dabei besteht das Ziel, den sogenannten "Sekundäraufwand", z.B. zeitbestimmende Bein- oder Rumpfbewegungen, niedrig zu halten. Es soll also alles im Griffbereich des Werkers ohne "Verrenkungen" erreichbar sein.

Als Montagehilfsmittel kann man aber auch alle Geräte einstufen, mit denen man schwerere Montagebaugruppen oder Basisteile drehen, schwenken, wenden und heben kann. Auch dazu sollen einige Beispiele vorgestellt werden.

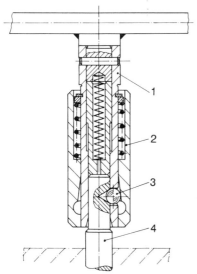

Bild 3.144: Aufbau eines Schnellwechselkopfes

1 Arbeitsspindel, 2 Schiebehülse, 3 Rastkugel, 4 Werkzeugschaft

Das Bild 3.144 zeigt den Aufbau eines Schnellwechselkopfes, hier mit einen Griff an ein Handwerkzeug angeschlossen. Das Prinzip wird aber auch für den Anschluß an maschinelle Stempel und Spindeln verwendet. Beim Wechseln wird die Schiebehülse für die Sperrfunktion hochgeschoben. Dadurch kann die Kugel ausrasten und der Schaft des Werkzeugs läßt sich herausziehen. Das wird durch ein gefedertes Innenteil (Auswerfer) unterstützt. Das Einspannen läuft umgekehrt ab.

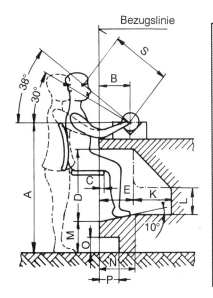

Bezeichnung	Maße in mm
Arbeitshöhe Feinarbeit Maschinenarbeit Handarbeit	A (Richtwert) 1275 1100 bis 1200 1000
Lage der Arbeitsteile Feinarbeit Maschinenarbeit Handarbeit	B (Richtwert) 200 300 maximal 325
Einrücktiefe der Sitzfläche	C mindestens 50
Knieeinrückraum	D mindestens 700 E mindestens 400
Fußvorstoßraum	K mindestens 350 L mindestens 300
Fußauflage, verstellb.	M 280 bis 380 N mindestens 400
Fußeinrückraum	O mindestens 200 P mindestens 200
Nasenwurzel-Teil Feinarbeit Maschinenarbeit Handarbeit	S [Abstand] 280 Richtwerte am 270 fertigen Ar- 450 beitsplatz

Bild 3.145: Standardmaße eines kombinierten Arbeitsplatzes (BOSCH)

In diesem Abschnitt sollen aber auch einige Gedanken zur Gestaltung manueller Arbeitsplätze geäußert werden.

Für Handarbeitsplätze sind die Vorschriften zur ergonomisch richtigen Gestaltung zu beachten. Dafür gibt es Standardmaße. Für einen kombinierten Steh-/Sitz-Arbeitsplatz werden die Maße in Bild 3.145 aufgeführt. Es gibt Arbeitstische, deren Höhe einstellbar ist (Bild 3.146a). Damit kann dann die Arbeitshöhe auf unterschiedlich große Personen eingestellt werden, aber auch ein Sitzarbeitsplatz vorübergehend oder ständig zum Steharbeitsplatz werden. Die in Bild 3.146 gezeigte Montagelinie enthält manuelle, mechanisierte und automatisierte Arbeitsplätze. Man spricht hier auch von einer hybriden Montagelinie. Oft werden in der Kleinteilemontage die Arbeitstische mit konstanter Tischhöhe für stehende Arbeit eingerichtet. Beim Wechsel in eine sitzende Tätigkeit wird die Sitzhöhe mit einstellbaren Arbeitsstühlen angepaßt. Arbeitsdrehstühle müssen den Vorschriften der DIN 68877 entsprechen. Auch der Greif- und Sehraum wurde in Richtlinien festgelegt (VDI Richtlinie 2242, Konstruktion ergonomiegerechter Erzeugnisse) und ist einzuhalten. Das Bild 3.147 zeigt einen mechanisierten Arbeitsplatz mit Presse verschiedenen Greifbehältern in mehreren Ebenen sowie einer Doppelhandeinrückung der Tischpresse. In Bild 3.148 wird ein Handmontagearbeitsplatz mit Greifbehältern und einer Laufschiene für aufhängbare diverse elektrische oder pneumatische Schraubwerkzeuge vorgestellt. Die Eigenmasse der Werkzeuge wird durch einen Federzug ausgeglichen. Beim Schrauben kann auch eine automatische Schraubenzuführung integriert sein.

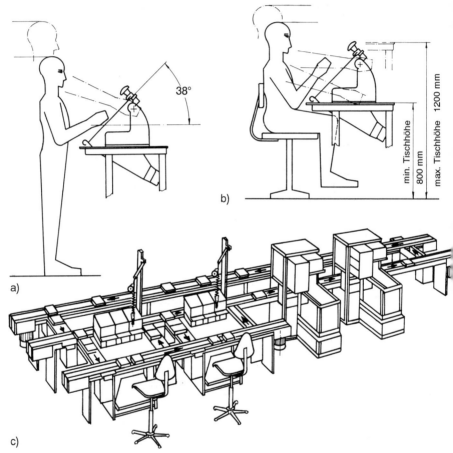

Bild 3.146: Gestaltung manueller Montagearbeitsplätze
a) Sitzarbeitsplatz, b) Steharbeitsplatz, c) flexible teilautomatisierte Montagelinie (BOSCH)

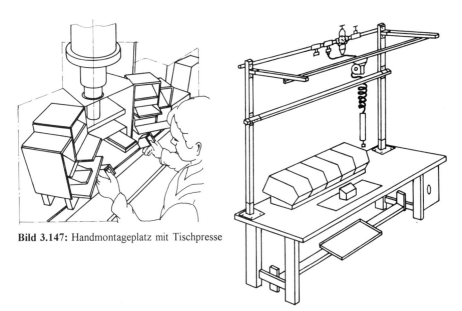

Bild 3.147: Handmontageplatz mit Tischpresse

Bild 3.148: Beispiel für einen mechanisierten Handmontageplatz

Die Arbeitsplatzgestaltung ist eine Maßnahme, die am Ende der Montagesystemplanung steht. Sie dient der Feinplanung manueller Arbeitsplätze. Bisher hat man zur Anpassung an die menschlichen Körpermaße vielfach mit zweidimensionalen Körperschablonen nach der DIN 33402 gearbeitet, um die Ausrüstungselemente am Arbeitsplatz richtig zu plazieren. Mittlerweile gibt es leistungsfähige Software-Werkzeuge für die dreidimensionale Bewältigung solcher Planungsaufgaben, wie z.B. ERGOMAS (Ergonomische Gestaltung und Optimierung manueller Arbeitssysteme) und COSIMA (Computer Simulated Manual Assembly). Damit lassen sich Montageanlagen sogar vorausschauend "ausprobieren". Für den Werker ist in der Datenbank das kinematische Modell der menschlichen Gelenkstruktur auf der Basis anthropometrischer Größen hinterlegt. Die Kinematik besitzt 44 Achsen. Das ermöglicht stehende und sitzende Arbeitshaltungen zu simulieren und Verbesserungen vorzunehmen. Es lassen sich dreidimensionale Greifräume, Sichtfelder und auch Störvolumina einblenden.

Für die Handmontage gibt es eine Vielzahl zweckgebundener Vorrichtungen, die eine Benutzung in ergonomisch günstigen Haltungen ermöglichen. Das Bild 3.149 zeigt einige Beispiele. Das Mehrfach-Schachtmagazin für Wälzlagerringe wird zum Auffüllen geöffnet. Dazu ist die gesamte vordere Hälfte durch eine Scharnierbefestigung aufklappbar. In ähnlicher Weise lassen sich auch Magazine gestalten, bei denen das Abnehmen der Wälzlager von einem Industrieroboter erfolgt.

Insbesondere für größere Baugruppen und Produkte braucht man geeignete Haltevorrichtungen, die sich so einstellen lassen, daß in günstigen Arbeitshaltungen montiert werden kann. Bei arbeitsteiliger Montage sollten die Vorrichtungen fahrbar sein, damit sie samt Montagebaugruppe zum nächsten Arbeitsplatz bewegt werden können. Das Bild 3.150 zeigt die Ausführung von zwei verschiedenen Montagewagen mit einstellbarer Arbeitsplatte.

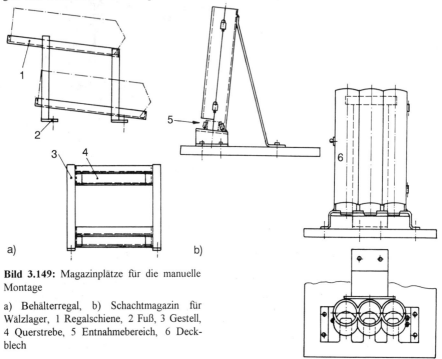

Bild 3.149: Magazinplätze für die manuelle Montage

a) Behälterregal, b) Schachtmagazin für Wälzlager, 1 Regalschiene, 2 Fuß, 3 Gestell, 4 Querstrebe, 5 Entnahmebereich, 6 Deckblech

Für die Werkstattmontage von Maschinen und Baugruppen kann definiertes Heben wichtig sein. Dafür können bei großen und schweren Montagekomponenten Hubgetriebe verwendet werden (Bild 3.151). Das Schneckenrad dieses Getriebes ist gleichzeitig als Spindelmutter ausgebildet. Dadurch wird die drehende Bewegung in eine Linearbewegung umgewandelt. Voraussetzung ist dabei, daß die Spindel mit Hilfe der Hubplatte an der geführten Hebevorrichtung befestigt ist. Kann die Hebevorrichtung nicht gegen Verdrehung gesichert werden, so muß die Spindel im Getriebe eine Verdrehsicherung erhalten. Die Hubhöhe wird von der Spindellänge bestimmt.

Bei großflächigen Montageeinheiten lassen sich einzelne Hubgetriebe über Wellen zu einem Hubmechanismus verbinden. Damit ist gleichmäßiges maschinelles Anheben erreichbar. In Bild 3.152 werden zwei Varianten für eine solche Synchronhubeinrichtung dargestellt. Die Anordnung der Hubgetriebe (Druckpunkte) richtet sich nach der Lage der Angriffsflächen am Objekt.

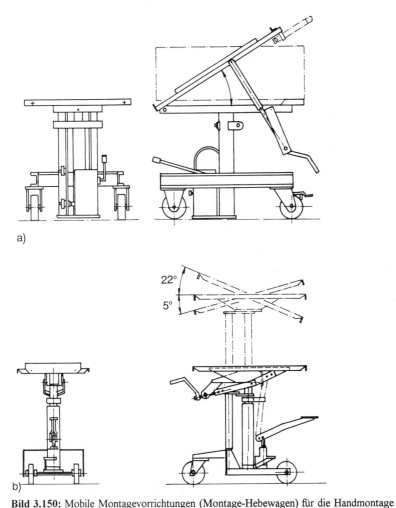

Bild 3.150: Mobile Montagevorrichtungen (Montage-Hebewagen) für die Handmontage
a) mobiler Arbeitswagen mit Hubplatte, die in einer Richtung schwenkbar ist, b) Arbeitswagen mit Hubplatte, die in beiden Richtungen gekippt werden kann

Häufig müssen Montagebasisteile auf dem Werkstückträger (Montageträger) geschwenkt werden, um andere Seiten für die Montageeinrichtungen zugänglich zu machen. Dazu zeigt das Bild 3.153 eine Lösung. Das Schwenken geschieht manuell, für das Arretieren ist ein Handhebel vorhanden. Die Teilung der Rastmechanik beträgt 60°. Mit der Verriegelung wird gleichzeitig eine Feststellbremse betätigt, die außerdem den Drehtisch gegen die Auflage preßt. Eine Handbedienung der Vor –

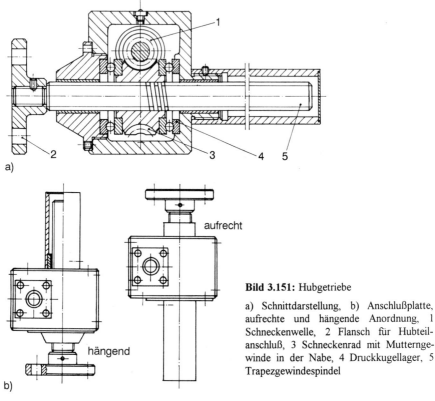

Bild 3.151: Hubgetriebe
a) Schnittdarstellung, b) Anschlußplatte, aufrechte und hängende Anordnung, 1 Schneckenwelle, 2 Flansch für Hubteilanschluß, 3 Schneckenrad mit Mutterngewinde in der Nabe, 4 Druckkugellager, 5 Trapezgewindespindel

richtung ist für die mobile Anwendung günstig, also wenn die Vorrichtung auf einem Montageträger befestigt ist und in einem Transportsystem umläuft. Für stationäre Anwendungen eignen sich z.B. Schwenktische, die mit einem pneumatischem Antrieb versehen sind. Sie lassen sich mitunter über einen Fußschalter takten. Für sehr univereselle stationäre Verwendungen gibt es auch Manipulatoren, die Drehungen um mehrere Raumachsen ausführen können. Sie werden gern an Schweißarbeitsplätzen verwendet, können aber auch in der Montage nützlich sein, wenn die Basisteile groß und schwer sind und wenn aus mehreren Richtungen montiert werden muß. Damit lassen sich jeweils günstige Orientierungen im Raum erreichen.

Das Bild 3.154 zeigt abschließend dazu eine Schwenkvorrichtung, die auf einer Werkstückträgerplatte befestigt ist. Ein aufgespanntes Basisteil kann manuell um 6 x 60° geschwenkt werden. Der Sperr-Riegel wird beim Schwenken durch ein Kurvenstück gelüftet. Der Drehteller wurde gleitgelagert.

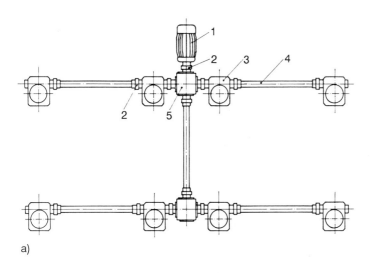

a)

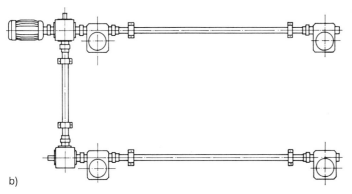

b)

Bild 3.152: Synchronhubeinrichtung, die aus einzelnen Hubgetrieben zusammengesetzt ist.

a) Mechanismus mit 8 Druckpunkten, b) Einrichtung mit 4 Hubgetrieben, 1 Elektromotor, 2 Kupplung, 3 Hubgetriebe, 4 Verbindungswelle, 5 Kegelrad-Verteilergetriebe

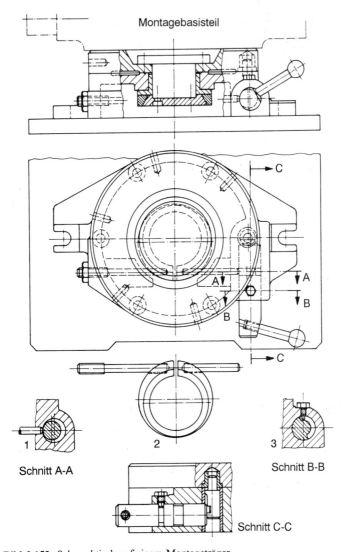

Bild 3.153: Schwenktisch auf einem Montageträger
1 Feststellbremse, 2 Ansicht der Bremse von unten, 3 Schwenkhebelbegrenzung

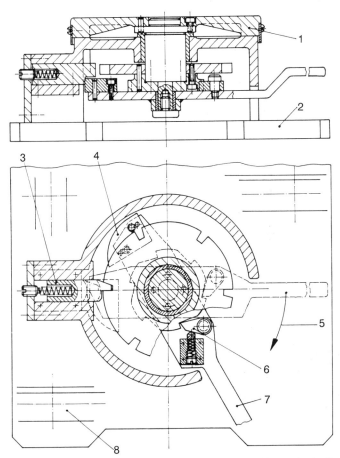

Bild 3.154: Schwenkvorrichtung für die Aufnahme von Montagebasisteilen

1 Auflageteller für die Basisteile, 2 Werkstückträger, Montageträger, 3 Rastbolzen, 4 Rastbolzenlöser, 5 Schwenkbewegung, 6 Schaltklinke, 7 Handhebel, 8 Ablageplatz für Bauteile

3.12 Zuführeinrichtungen

Zuführeinrichtungen schaffen die Verbindung vom innerbetrieblichen Transport zum Montageplatz, wenn es um die Teilebereitstellung geht. Oft sind es Problemlösungen, die im Sondermaschinenbau entstanden sind. Zuführsysteme sollen längere Zeit ohne

Betreuung laufen. Trotzdem sollen auch manuelle Eingriffe möglich sein, um Störungen zu beheben. Die Füllstände sollten überwacht und angezeigt, Störungen in den Werkstückflußkanälen signalisiert werden. Mithin ist Zuführen eine Verkettung von Teilfunktionen, die in der Handhabungstechnik üblich sind. Nachfolgend sollen einige ausgewählte Beispiele vorgestellt werden. Ausführliche Abhandlungen enthält die Literatur [12] bis [15].

Das Bild 3.155 zeigt eine Vorrichtung, die Stifte aus einem Magazin zuteilt und diese auch waagerecht einpreßt. Die Fügeteilaufnahme fährt auf die Zielposition zu. Nach dem Anlegen der Aufnahme am Basisteil setzt allein der Preßdorn seine Bewegung fort und preßt den Stift ein.

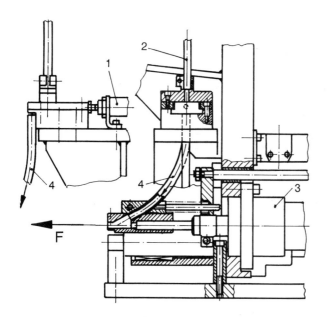

Bild 3.155: Stiftzuführung an einer Preßstation

1 Druckluftzylinder für Zuteilbewegungen, 2 Schachtmagazin, 3 Preßzylinder, 4 Zuführschlauch

Das Bild 3.156 zeigt eine Einrichtung, die ankommende Werkstücke, z.B. Deckel in 5 Zielkanäle verteilt. Solche Operationen kommen z.B. an Abfüll- und Verpackungsmaschinen vor. Die Kanäle A bis E lassen sich einzeln öffnen oder verschließen. Die Teile werden von einem Rotor vom Förderband übernommen. Im Verteilbereich ist die Auflagefläche abgeschrägt, so daß die Teile selbständig in Richtung der Kanäle abkippen können. Ist auch die Rinne E nicht mehr aufnahmefähig, was von einem Anwesenheitssensor beobachtet wird, dann werden Förderband und Verteilerrad automatisch gestoppt. Es liegt dann eine Störung der Arbeitsmaschine vor. Die Geschwindigkeit des Zuführsystems kann über einen regelbaren Getriebemotor eingestellt werden.

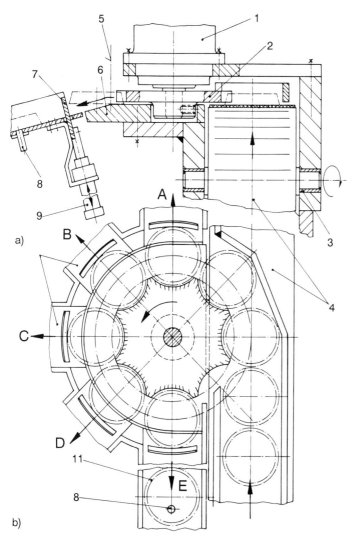

Bild 3.156: Einrichtung zum Verteilen von Werkstücken in mehrere Zielkanäle

a) Schnittdarstellung, b) Draufsicht der Verteilstation, 1 regelbarer Getriebemotor, 2 Verteilerrad, 3 Gleitlager für Umlenkrolle, 4 Förderband, 5 Kippkante, 6 Auflageteller, 7 Sperrschieber, wenn gefüllt, 8 Sensor, 9 Arbeitszylinder oder Hubmagnet, 10 Rinnenmagazin mit 5° Schräge, 11 Werkstück

Die Zuführstation an einem Montageautomaten wird in Bild 3.157 im Schnitt gezeigt. Es werden Trafobleche aus einem Kassettenmagazin zur Montagestelle gebracht. Der Antrieb geschieht von einer zentralen Steuerwelle aus. Die Hubstange bewegt über ein Zahnstange-Ritzel-Getriebe die Parallelhebel, an denen ein Permanentmagnetgreifer befestigt ist. Das Bild 3.158 zeigt den dazugehörigen Greifer. Die Magnete sind gefedert angeordnet, um eine sichere Anlage zu erreichen. In der Zielposition werden die Werkstücke von den Magneten abgedrückt. Die eigenartige Anordnung der Magnete wurde gewählt, um 2 verschiedene Blechteile ohne Umrüstung am Greifer zuführen zu können.

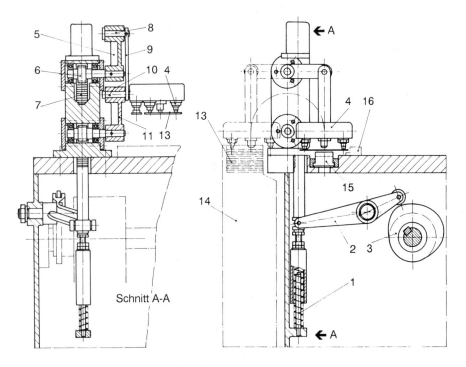

Bild 3.157: Zuführstation an einem Montageautomaten

1 Feder, 2 Hebel für Zahnstangenhub, 3 Steuerkurve, 4 Magnetgreifer, 5 Schwenkarm, 6 Zahnrad, 7 Zahnstange, 8 Achse, 9 Arm, 10 Achsbolzen, 11 unterer Hebel, 12 Dauermagnete zum Greifen, 13 Werkstück, 14 Kassettenmagazin, 15 Abstreifer, 16 Einweiser an Ablagestelle

Es kommt häufig vor, daß mehrere Schrauben nach einem Bohrbild bereitzustellen sind. Ein solcher Mehrfachzuteiler wird in Bild 3.159 vorgestellt. Die Schrauben kommen geordnet vom Vibrationswendelförderer und laufen in den Zuteiler ein. Die Anwesenheit des ersten Teils der Werkstückschlange wird per Sensor kontrolliert.

Von Druckluftzylindern bewegte Schieber verteilen die Schrauben an neue Plätze, an denen sie in den Abführkanal fallen können. Das sind Kunststoffschläuche, die die Schrauben zur Montagebaugruppe leiten, z.B. in die Bohrung eines anzuschraubenden Flanschdeckels. In der nächsten Station kann dann ein Mehrfachschrauber angreifen und alle Schrauben gleichzeitig eindrehen. Im Beispiel fallen die Schrauben allein durch Schwerkraftwirkung. Man kann sie aber auch durch Druckluft noch antreiben. Diese Variante wurde in Bild 3.23 bereits dargestellt.

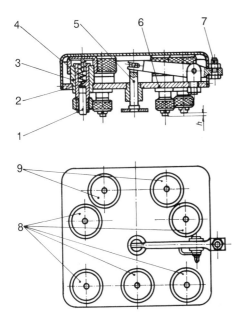

Bild 3.158: Magnetgreifer

1 Dauermagnet in Zylinderform, 2 Spannzange, 3 Führung, 4 Feder, 5 Abdrücker, 6 Basisplatte, 7 Anschlagschraube, 8 Magnetanordnung für eine gabelförmige Werkstückform, 9 Magnete für streifenförmige Teile, h Abstand 2 bis 3 mm

Wie man eine Zuführeinrichtung für das geordnete Bereitstellen von Stiftschrauben gestalten kann, wird aus Bild 3.160 ersichtlich. Ein auf und ab laufender Schieber (Hubschwert) teilt je Hub ein Werkstück zu. In das Stapelmagazin taucht dabei regelmäßig ein Rührstift ein, um eine Brückenbildung der Teile am Bunkerauslauf zu vermeiden. Die Abrollbahn ist so gestaltet, daß damit zwei Zuführkanäle mit Teilen versorgt werden können. Ein Luftzylinder bewegt dann die Abrollschwinge in die entsprechende Stellung. Die Bewegung des Rührstiftes wird von der Hubbewegung des Schwertes abgenommen.

Die Schwingfördertechnik spielt bei der Kleinteilezuführung eine bedeutende Rolle. Deshalb sollen dazu einige Ausführungen folgen. In großer Zahl sind Vibrationswendelförderer eingesetzt (Bild 3.161). Sie arbeiten nach dem Prinzip des Mikrowurfes infolge von Hub-Drehschwingungen oder nach dem Prinzip der Gleitförderung. Während des Förderns der Teile können diese mit Hilfe von Schikanen geordnet werden. Für die Förderaufsätze gibt es ein Sortiment an Formen, Größen, Werkstoffen und Beschichtungen. Sie können für den Rechts- oder Links-

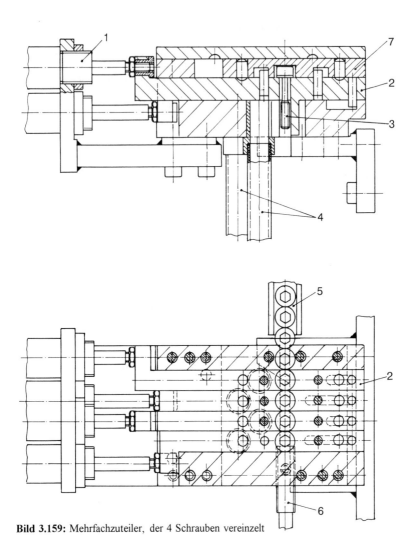

Bild 3.159: Mehrfachzuteiler, der 4 Schrauben vereinzelt
1 Pneumatikzylinder, 2 Zuteilschieber, 3 Fügeteil, 4 Abführschlauch, 5 Zuführkanal, 6 Anwesenheitssensor, 7 mitbewegter Hilfsschieber

auslauf ausgelegt sein. Bei der in Bild 3.161b gezeigten Lösung wurde ein Zusatzbunker aufgesetzt. Die Werkstücke gleiten selbständig nach, wobei sie durch eine Gummischürze etwas gebremst werden. Außerdem ist der Schwingraum schallgedämmt. Um mit solchen Zuführsystemen eine große Autonomiezeit zu bekommen, d.h. große Zeitabstände von einer Nachfüllaktion bis zur nächsten zu erreichen, werden Vorbunker eingesetzt. Die Vorbunker (Schwerkraft-, Schwing- oder Förderbandsysteme) sorgen für einen selbsttätigen Nachschub, wie es Bild 3.162 zeigt. Die Zuführrinnen und Gleitbleche dürfen aber nicht mit dem schwingenden System des Vibrators verbunden werden.

Bild 3.160: Zuführeinrichtungen für Stiftschrauben

1 Kolbenstangenende eines Arbeitszylinders, 2 Bügel zur Bewegungsübertragung zum Hubschwert, 3 Bunkeraufsatz, 4 Rührstößel, 5 Abrollbahn, 6 Hubschwert, 7 Luftzylinder zum Anheben der Abrollbahn

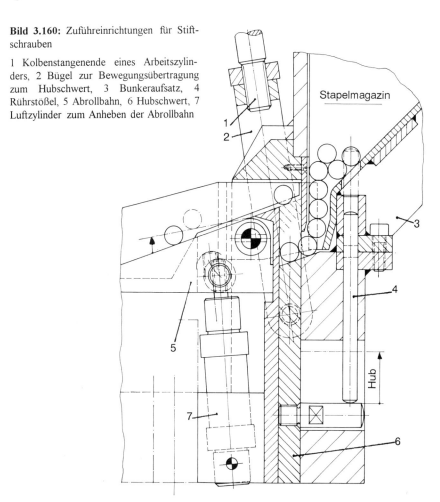

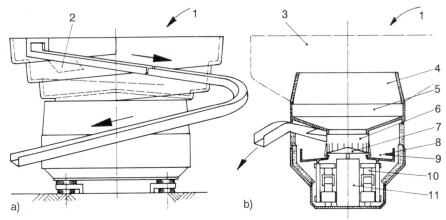

Bild 3.161: Zuführen mit dem Vibrationswendelbunker

a) Vibrator mit Stufenaufsatz, b) Vibrator mit Aufsatzbunker und Schalldämmung (FELD-PAUSCH), 1 Nachfüllen, 2 Schikane zum Ordnen, 3 Vorsatztrichter, 4 Einfülltrichter, 5 Aufsatz, 6 Gummischürze, 7 Abgleitkegel, vom Schwingsystem entkoppelt, 8 Einlaufzone, 9 Förderwendel, 10 Masse-Feder-System, 11 Innenkörper

Das Ordnen und Bereitstellen von Kleinteilen kann auch unter Ausnutzung von Geradschwingrinnen erfolgen. So kann man die Teile in Kassetten geordnet sammeln. Das sind Magazinplatten mit Formnestern, die dann an der Montagestelle bereitgestellt werden und dort z.B. auf einem x-y-Schiebetisch einer Pick-and-Place-Einheit präsentiert werden. Es gibt auch Montageeinrichtungen, die sämtliche Teile mit einem Hub aus der Kassette entnehmen und auch alle mit einmal Fügen. Das setzt voraus, daß auch die Basisteile in gleicher Anordnung vorliegen. Das Prinzip des Ordnens ist einfach. Teile, die in ihrer Orientierung gerade mit einem Formnest zusammenpassen, fangen sich und sind somit geordnet. Die restlichen Teile laufen über die Schwingplatte und werden am Ende in einem Behälter gesammelt. In Bild 3.163 wird die Technik der Kleinteile-Kassettierung gezeigt.

In Bild 3.164 sind einige Werkstückweitergabeeinrichtungen zu sehen, die auch eine gewisse Speicherwirkung haben. Beim Hochfördern (Bild 3.164a) schieben sich die Werkstücke gegenseitig nach oben, wenn unten ein Werkstück eingegeben wird. Eine Rückhalteklinke hält den gesamten Werkstückstrang. Wendelspeicher sind ohne Antrieb. Der Werkstückdurchlauf erfolgt allein durch die Schwerkraft. In Bild 3.164c wird ein mehrsträngiges Hochfördersystem gezeigt. Eine umlaufende Kette mit Hebearmen bewegen die Teile zum Auslauf nach oben. Im Beispiel sind es 3 verschiedene Werkstücke, die an 3 verschiedenen Stellen einlaufen und auch an 3 verschiedenen Zielstellen auslaufen.

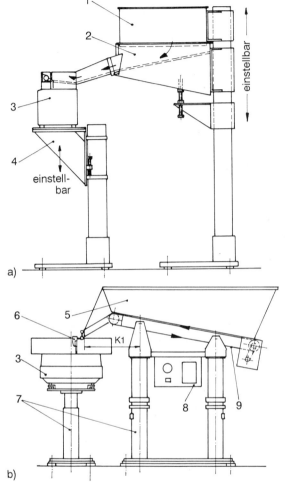

Bild 3.162: Vorbunker

a) Vorbunker mit Schwerkraftnachlauf, b) Förderband-Nachfüllbunker, 1 Einfülltrichter, der das Volumen auf 80 Liter erweitert, 2 Behälter mit Gleitfläche, etwa mit 30 Liter Volumen, 3 Vibrationswendelförderer, 4 Konsole, 5 Vorbunker, 6 Füllstandsschalter, 7 einstellbare Stütze, 8 Steuerung, 9 Förderband

Das Bild 3.165 zeigt Zuführeinrichtungen, bei denen Kleinteile aus der ungeordneten Menge zugeführt werden. Beim Schrägförderbunker können sich Teile an Leisten auf dem Förderband ausrichten. Teile in Richtiglage werden in den Zuführkanal abgeleitet, Falschlagen wandern wieder in den Bunker zurück. Die andere im Bild dargestellte Einrichtung ist eine Bunker-Ordnungseinrichtung, die von einem Vorsatzbunker aufgefüllt werden kann. Dieser ist schienenverfahrbar, so daß man mehrere Zuführaggregate anfahren kann. Das Verschieben und Öffnen der Verschlußklappe wird hier noch manuell vorgenommen.

153

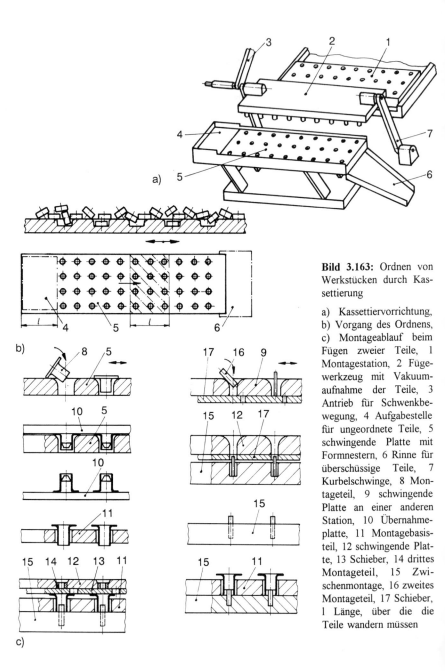

Bild 3.163: Ordnen von Werkstücken durch Kassettierung

a) Kassettiervorrichtung, b) Vorgang des Ordnens, c) Montageablauf beim Fügen zweier Teile, 1 Montagestation, 2 Fügewerkzeug mit Vakuumaufnahme der Teile, 3 Antrieb für Schwenkbewegung, 4 Aufgabestelle für ungeordnete Teile, 5 schwingende Platte mit Formnestern, 6 Rinne für überschüssige Teile, 7 Kurbelschwinge, 8 Montageteil, 9 schwingende Platte an einer anderen Station, 10 Übernahmeplatte, 11 Montagebasisteil, 12 schwingende Platte, 13 Schieber, 14 drittes Montageteil, 15 Zwischenmontage, 16 zweites Montageteil, 17 Schieber, l Länge, über die die Teile wandern müssen

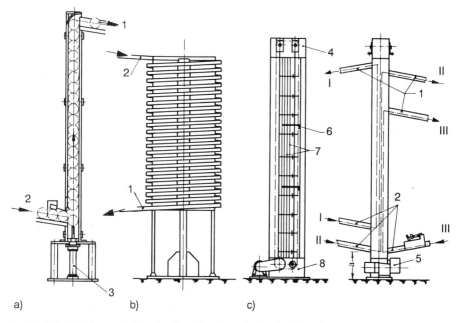

Bild 3.164: Zwischen- oder Bereitstellspeicher für rollfähige Werkstücke

a) Hubspeicherwerk, b) Wendel-Rollbahnspeicher, c) Ketten-Hochförderer, 1 Werkstückauslauf, 2 Werkstückzulauf, 3 Hubzylinder, 4 Oberteil, 5 Antrieb, 6 Hebearm, 7 Führungsspuren, 8 Unterteil, a Einlaufhöhe über Flur

Für das Zuführen von Buchsen und Stiften gibt es viele Lösungen, weil solche Handhabungsoperationen oft gebraucht werden. Das Bild 3.166 zeigt, wie man die Werkstücke aus dem Magazin zuteilt und durch Schwerkraftwirkung bis zur Fügestelle oder wie im Beispiel bis zu einem speziellen Förderer bringt. Für das Eingeben ist eine pneumatische Lineareinheit vorgesehen. An der Übergabestelle verhindert eine gefederte Zunge, daß das Werkstück durchfällt. Die Zunge wird vom Übergeber eingedrückt. Am Zuteilschieber ist zu beachten, daß die Öffnung zum Magazin beim Zuteilhub abgedeckt wird, weil sonst nachlaufende Teile den Zuteiler blockieren würden.

Etwas ähnliches zeigt das Bild 3.167. Auch hier sind Zuführen und Aufpressen in einer Einheit integriert. Es gibt nur einen Zuteilschieber, der öffnet und schließt. Das vorletzte Teil wird durch Federkraft geklemmt. Die Montagebasisteile werden von einem Rotor jeweils in die Fügeposition getaktet. Alle Bewegungen werden durch Pneumatikzylinder realisiert.

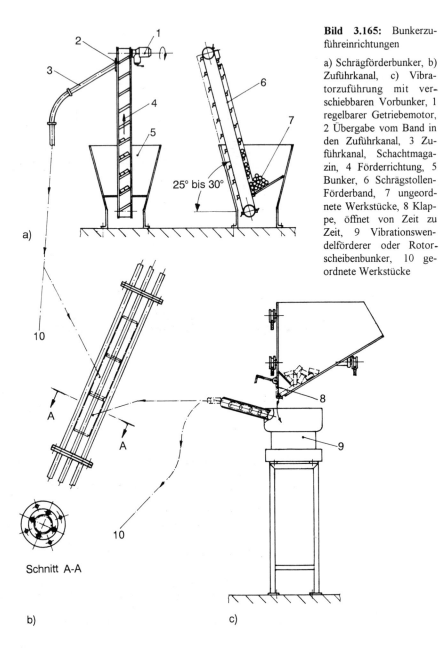

Bild 3.165: Bunkerzuführeinrichtungen

a) Schrägförderbunker, b) Zuführkanal, c) Vibratorzuführung mit verschiebbaren Vorbunker, 1 regelbarer Getriebemotor, 2 Übergabe vom Band in den Zuführkanal, 3 Zuführkanal, Schachtmagazin, 4 Förderrichtung, 5 Bunker, 6 Schrägstollen-Förderband, 7 ungeordnete Werkstücke, 8 Klappe, öffnet von Zeit zu Zeit, 9 Vibrationswendelförderer oder Rotorscheibenbunker, 10 geordnete Werkstücke

Bild 3.166: Zuführeinrichtung für Hülsen

1 Zuteiler, 2 Gleitbahn, 3 Eingeber, 4 gefederte Übergabezunge, 5 Transportsystem, 6 Werkstück, 7 Magazin, 8 Fächerband

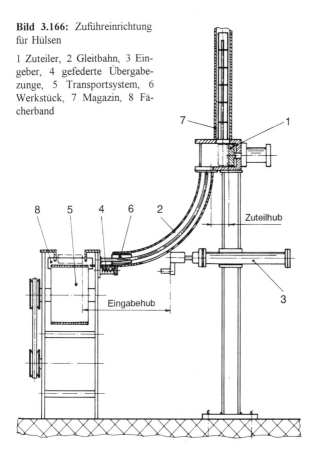

Eine grobe Vorstellung der Zuführtechnik an einer Verpackungsmaschine gibt das Bild 3.168. Die zu verpackenden Scheiben werden vom Förderband bereitgestellt und in Hülsen, die sich in einem Rotor befinden, gesammelt. Sind genügend angekommen, werden sie als Paket in eine Schachtel geschoben, die aus einem Magazin nachlaufen. Dann werden beidseitig Deckel aufgepreßt. Gefüllte Schachteln gleiten dann über eine Rinne aus der Maschine. Die Steuerung mit aufgebautem Magazin läßt sich komplett austauschen. Dafür kann dann eine Einheit für ein anderes Packmittel samt Steuerung angeschlossen werden. Damit die schmalen Scheiben beim schrittweisen Zuführen nicht umfallen, kann man sie mit seitlich angebrachten Borstenfeldern stützen. Solche Lösungen werden auch verwendet, um Teile gruppenweise aufzureihen. Das Zusammenführen von Teilen mit ungünstigem Verhältnis von Breite zu Höhe (wenig standsicher) zu Paketen ist Inhalt des Bildes 3.169. Sind genügend Teile auf dem Schieber angekommen, bewegt sich dieser per Druckluftzylinder zur Position, in der ein Parallelgreifer zufaßt und das ganze Paket abnimmt. Damit die Teile nicht umfallen, hat man seitlich bremsende Borstenfelder angesetzt.

Man kann die bremsende Wirkung von Borstenfeldern auch an Weitergabestrecken gebrauchen, um die Roll- oder Gleitgeschwindigkeit von Körpern zu mindern. Das wurde in den Bildern 3.170 und 3.171 dargestellt.

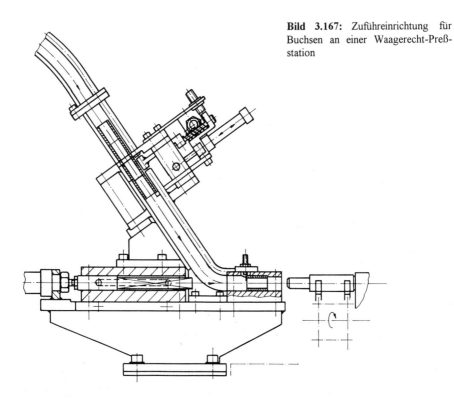

Bild 3.167: Zuführeinrichtung für Buchsen an einer Waagerecht-Preßstation

Rollfähige Werkstücke in Scheiben- oder Flanschform benötigen solche Hilfen in der Regel nicht, wenn die Teile achsparallel laufen. Man kann einen Rollkanal aus Schienen gestalten. Die Anordnung der Schienen hängt von der Form des Arbeitsgutes ab. Zum Verteilen von rollfähigen Werkstücken an zwei Zielstellen enthält das Bild 3.172 einen Vorschlag. Für das Umschalten der Weichenzunge in den Rechts- oder Linksauslauf ist ein Pneumatikzylinder zuständig. Die Fallhöhe über die Weichenzunge wurde so gewählt, daß auch in Schlange ankommende Teile nicht fehlgeleitet werden.

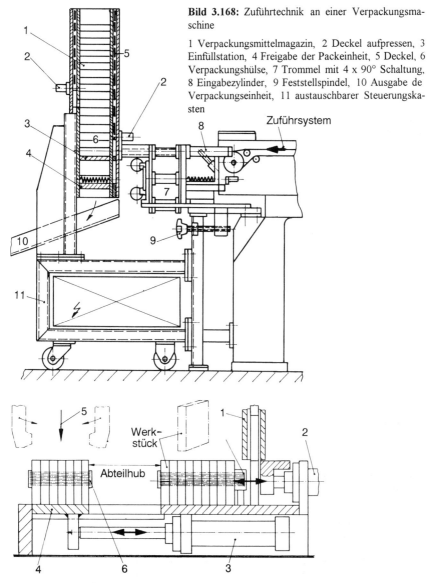

Bild 3.168: Zuführtechnik an einer Verpackungsmaschine

1 Verpackungsmittelmagazin, 2 Deckel aufpressen, 3 Einfüllstation, 4 Freigabe der Packeinheit, 5 Deckel, 6 Verpackungshülse, 7 Trommel mit 4 x 90° Schaltung, 8 Eingabezylinder, 9 Feststellspindel, 10 Ausgabe de Verpackungseinheit, 11 austauschbarer Steuerungskasten

Bild 3.169: Aufrechtes Fördern schmaler Werkstücke und Abteilen von Gruppen

1 Zuführkanal, 2 Pneumatikzylinder, 3 Zylinder für den Abteilhub, 4 Schieber, Schlittenführung, Greifhub, 6 Bürstenfeld

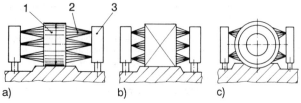

Bild 3.170: Brems- und Haltefunktion beim Weitergeben von Werkstücken mit schmaler Aufstandsfläche
a) rotationssymmetrisches Teil, b) schmales Rechteckteil, c) scheibenartiges Teil, 1 Werkstück, 2 Borstenfeld, 3 Bürstenkörper

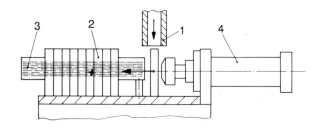

Bild 3.171: Aufrechtes Weitergeben einzeln ankommender Werkstücke
1 Zuführschacht, 2 Werkstück, 3 Borstenfeld, 4 Weiterschiebezylinder

Für das Verpacken runder stabförmiger Teile ist die in Bild 3.173 zu sehende Anlage vorgesehen. Es werden verschiedenfarbige Teile zum 7er-Pack (Sortiment) zusammengeführt und anschließend in Folie verpackt. Das Förderband taktet jeweils mit Hilfe des vorgesetzten Maltesertriebes um einen Nockenabstand. Die Mitnehmernocken trennen die Sortimente auf dem Band voneinander ab. Ein spezieller Schleusenzuteiler gibt je Takt einmal pro Schachtmagazin ein Teil frei. Außerdem ist die ordnungsgemäße Zuführung zu kontrollieren, z.B. durch Zählen der je Sortiment vorbeilaufenden Teile mit einem Lichttaster.

Abschließend zeigt das Bild 3.174 ein System zum Abstapeln und Zuführen von Werkstückbehältern oder plattenartigen Arbeitsgut. Der Stapel wird schrittweise gehoben. Obenaufliegende Behälter werden abgeschoben und können zum Bereitstellplatz eines Montagesystems rollen. Zählvorgänge für das schrittweise Heben werden mit einem Steuernocken realisiert. Der Nocken kann am Hubgetriebe angebaut sein. Die Schaltdauer läßt sich am Nocken einstellen. Die leeren Transportpaletten werden wieder zum Rollengang zurückgebracht und gelangen dann zum Magazin für die Leerpaletten.

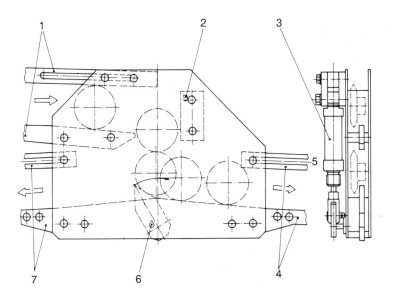

Bild 3.172: Verzweigen eines Werkstückstromes (SPICHER)

1 Zulaufschiene, 2 Anschlag, 3 Druckluftzylinder zur Weichenstellung, 4 Abrollstrecke, 5 Deckschiene des Rollkanals, 6 Weichenzunge, 7 alternative Ablaufstrecke

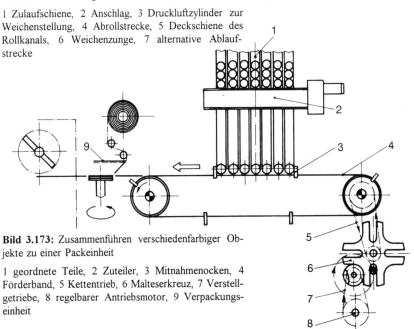

Bild 3.173: Zusammenführen verschiedenfarbiger Objekte zu einer Packeinheit

1 geordnete Teile, 2 Zuteiler, 3 Mitnahmenocken, 4 Förderband, 5 Kettentrieb, 6 Malteserkreuz, 7 Verstellgetriebe, 8 regelbarer Antriebsmotor, 9 Verpackungseinheit

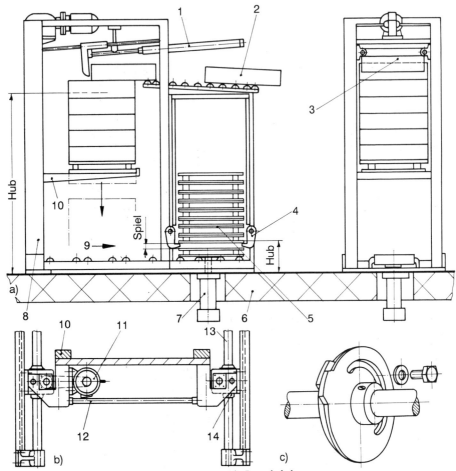

Bild 3.174: Zuführsystem für gestapelt ankommende Lagerbehälter

a) Gesamtansicht, b) Hubgabelsystem, c) Steuernocke, 1 Abschiebezylinder, 2 Lagerbehälter, 3 Zughaken, 4 gefederte Rückhalteklinke, 4mal, 5 Transportpalette, 6 Hallenboden, 7 Palettenhubzylinder, 8 Spindelhubwerk, 9 Rückstapelung für die Transportpaletten, 10 Hubgabel, 11 Hubmotor 12 Verbindungswelle zum rechten Getriebe, 13 feststehende Spindel, 14 Kugelrollbuchse

4 Technologiebeispiele

Ehe eine Vorrichtung konzipiert wird, muß die Montagetechnologie festliegen. Das ist zwar nicht Thema dieses Buches, aber zur Abrundung und zum Verständnis ist es sinnvoll, auch einige Beispiele zum Montageablauf zu studieren. Oft gibt es mehrere mögliche Montagereihenfolgen, so daß die folgenden Beispiele jeweils nur eine von mehreren Möglichkeiten zeigt.

4.1 Montage eines Lenkgetriebes

Es wird für die in Bild 4.1 gezeigte Baugruppe folgender Montageablauf vorgeschlagen:

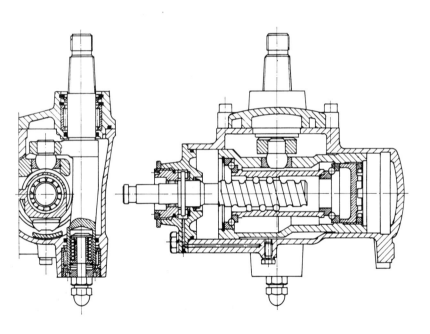

Bild 4.1: Schnitt durch das Lenkgetriebe eines Kraftfahrzeugs

Oberer Deckel

1 Einpressen des Nadellagerkäfigs (hydraulische Preßeinheit über der Montagelinie, Preßdorn, Vorrichtung),

2 Einpressen des Dichtringes von unten in den oberen Gußdeckel; gleichzeitig Einpressen des Sicherungsringes von oben (hydraulische Preßeinheit über der Montagelinie, Preßdorn, Vorrichtung),

3 Einpressen des Abstreifringes bei gleichzeitigem Einpressen des zweiten Sicherungsringes von oben (Handpresse über der Montagelinie, Preßdorne und Vorrichtung),

4 Montierten Deckel auf Montageträger in einer entsprechenden Ablage plazieren; Transport zur nächsten Station.

Innenkörper (Schiebebuchse)

In der Schiebebuchse befindet sich die Kugelrollspindel. Die Schiebebuchse überträgt ihre Längsbewegung auf den Kugelzapfen.

1 Einpressen der Kugelpfanne für den Hebelabgriff von oben und gleichzeitiges seitliches waagerechtes Einpressen des Lageraußenringes; Sicherungsring von Hand mit Zange einsetzen (hydraulische Preßeinheit, Aufnahmevorrichtung, Preßdorne, Sicherungsring-Zange);

2 Aufpressen der Lagerschalen am Rollspindelaußenkörper bei eingebauter Kugelrollspindel (hydraulische Preßeinheit, Preßdorne, Vorrichtung);

3 Einbau der kompletten Spindel mit den Kugelkäfigen, Lageraußenring und Abschlußdeckel (Arbeitsaufnahme mit waagerechter Schraubeinheit);

4 Einstellen des Lagerspiels der Rollspindel;

5 Montiertes Innenteil mit Spindel auf Montageträger ablegen; Transport zur nächsten Station.

Gehäuse-Hauptkörper

1 Einpressen des Nadellagerkäfigs (hydraulische Preßeinheit, Preßdorn, Aufnahmevorrichtung) und Einschrauben der Ölablaßschraube (senkrechter Schrauber, Schraubernuß)

2 Hauptkörper in vorgegebener Lage auf Montageträger spannen.

Seitlicher Abschlußdeckel mit Stellmutter

1 Nadellagerkäfig in Stellmutter einpressen; Dichtring und Druckscheibe für Drucklager einpressen (Handpresse mit 2 Stationen, über der Montagelinie angebracht, Preßdorne, Vorrichtung),

2 Stellmutter zum Transport auf Montageträger ablegen.

Komplettierung des Hauptkörpers

1 Montieren von Hand auf dem Montageträger:

■ Schiebebuchse mit Spindel in den Hauptkörper einsetzen, wobei der Hauptkörper lagerichtig aufgespannt ist; Welle mit Hebel einsetzen, wobei die Kugel in der Pfanne des Innenteils steckt,

■ Oberen Deckel aufsetzen, Dichtung von Hand auflegen und Schrauben ansetzen.

2 Verschrauben des oberen Deckels (Schraubstation an der Montagelinie, 8fach-Schrauber); Verschrauben der unteren Mutter mit dem vormontierten Federelement (Einfachschrauber von unten).

Seitlichen Abschlußdeckel am Hauptkörper montieren

1 Montieren von Hand auf dem Montageträger:

■ Abschlußdeckel über das Wellenende der Rollspindel schieben, wobei die Dichtung nicht verletzt werden darf!

■ Abschlußdeckel am Paßsitz des Hauptkörpers ansetzen,

■ Drucklager einbauen,

■ Stellmutter ansetzen.

2 Verschrauben des seitlichen Abschlußdeckels und Einschrauben der Stellmutter (8fach-Schrauber für waagerechtes Schrauben an der Station und Einfach-Schrauber für waagerecht-mittiges Schrauben).

Prüfoperationen

1 Prüfen der Reibmomente mit Prüfmittel und Spieleinstellung,

2 Ölbefüllung.

Abnehmen vom Montageträger

1 Spannung lösen,

2 Ablegen in Transportpalette.

4.2 Montage einer Wasserpumpe

Im nächsten Beispiel geht es um die Montage einer Wasserpumpe (Bild 4.2) auf einer Montagelinie oder auch auf der Werkbank. Dazu wird folgender Ablauf vorgeschlagen:

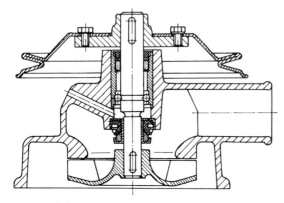

Bild 4.2: Schnitt durch eine Wasserpumpe

Lager in Gehäuse
1 Kombilager mit Welle von oben in Gehäuse bis Anschlag einpressen;
■ Gehäuse in Aufnahmevorrichtung legen,
■ Kombilager in Preßstempel einsetzen und Pressen; Der Preßstempel ist hohl, um den Wellenstumpf aufzunehmen. Er greift am Lageraußenkörper an (Montagepresse, Preßdorn).
2 Baugruppe aus Vorrichtung entnehmen und weitergeben.

Dichtung in Gehäuse
1 Dichtung über das Wellenende von unten in das Gehäuse bis zum Bund einpressen,
■ Dichtung und Wellenende in einer Aufnahme achsgleich aufnehmen;
■ Einpressen bis zum Bund (Montagepresse, Preßdorn am Halsteil des Gehäuses wirkend);
2 Baugruppe aus Aufnahme entnehmen und weitergeben.

Riemenscheibe auf Flanschnabe
1 Flanschnabe mit Riemenscheibe verschrauben;
■ Teile in Vorrichtung einlegen;
■ 5 Schrauben einstecken und Baugruppe unter 5fach-Schrauber plazieren;
■ Verschrauben mit Drehmomentkontrolle (Mehrfachschrauber, Schraubernüsse mit abgefederten Einziehwerkzeugen);
2 Baugruppe aus Haltevorrichtung entnehmen und weitergeben.

Pumpenrad montieren

1 Pumpenflügelrad mit Welle verbinden;
- Flügelrad in Vorrichtung einlegen;
- Wellenende vom Kombilager in Bohrung von Flügelrad ansetzen. Dabei soll das Pumpengehäuse an der Anschlußfläche zur Wellenachse ausgerichtet sein.
- Mit Presse über den oberen Wellenstumpf Preßkraft aufbringen und Flügelrad aufpressen bis Achsende und Nabenauge plan sind; Spiel zum Gehäuse ist zu beachten (Montagepresse, Werkstückaufnahme, Preßdorn);

2 Entnehmen der Baugruppe aus Vorrichtung und Weitergeben.

Riemenscheibe (komplett) montieren

1 Gehäuse mit bereits montierten Teilen in Vorrichtung einlegen und Riemenscheibe aufpressen. Die Preßkraft wirkt von oben auf die Flanschnabe. Die Preßtiefe muß ein Spiel zwischen Pumpenkörperhals und Flanschnabe berücksichtigen (Montagepresse, Aufnahmevorrichtung, hohler Preßdorn).

2 Fertigbaugruppe entnehmen und in Palette ablegen.

4.3 Montage eines Ausgleichsgetriebes

Das Bild 4.3 zeigt ein Ausgleichsgetriebe, das auf einer Montagelinie zusammengebaut werden soll und diese auf Montageträgern durchläuft. Als Ausrüstung stehen Montageschraubvorrichtungen, Montagepressen mit Schiebetisch und Einzelaufnahme sowie Elektro- und Pneumatikschrauber zur Verfügung. Es wird folgender Ablauf vorgeschlagen:

Gehäuse

1 Gehäuse auf Montageträger auflegen, fixieren und spannen.
2 Ölablaßschraube ansetzen und mit Pneumatikschrauber anschrauben.
3 Außenringe der Kegelrollenlager für Zwischentrieb einpressen (hydraulischer Einpreßzylinder mit 7 Tonnen Preßkraft).
4 Montageträger weitergeben.

Ausgleichsgetriebe

Das Ausgleichsgetriebe wird neben dem Montageband auf einer speziellen Montagevorrichtung vormontiert.

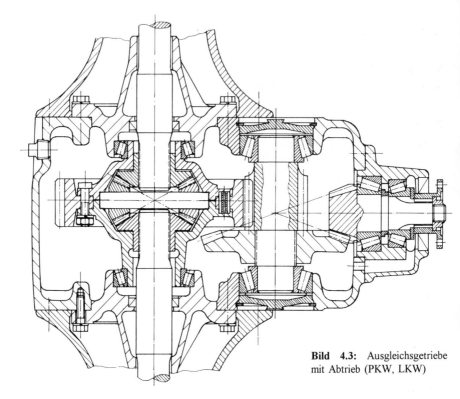

Bild 4.3: Ausgleichsgetriebe mit Abtrieb (PKW, LKW)

1 Linkes Kegelrad auf Steckachse schieben, ebenso rechtes Kegelrad;

2 Beide Kleinkegelräder eindrehen;

3 Achsbolzen durch beide Kegelräder einpressen;

4 Linken Deckel auf Kegelradzapfen zentrisch aufschieben;

5 Achsantriebsrad aufstecken;

6 Rechten Deckel auf Kegelradzapfen zentrisch aufschieben;

7 12 Schrauben M10 einstecken;

8 Schraubverbindung mit Elektroschrauber herstellen, bei gleichzeitiger Drehmomentkontrolle;

9 Verschraubtes Ausgleichsgetriebe in Presse einlegen;

10 Linkes und rechtes Innenlager auf die Deckel des Ausgleichsgetriebes pressen (Montagepresse mit 12 Tonnen Preßkraft, Aufnahmevorrichtung, Preßstempel);

11 Scherstift 10m6 durch Deckel und Achsantriebsrad pressen.

Tellerradzwischenwelle

Diese Zwischenwelle wird ebenfalls auf einem Nebenmontageplatz vormontiert.

1 Tellerrad auf Zwischenwelle mit Verzahnung pressen und durch Kleben festsetzen;
2 Schräginnenwälzlager links und rechts aufpressen (Montagepresse mit 7 Tonnen Preßkraft);
3 Montierte Zwischenwelle auf Montageträger ablegen.

Deckel mit Kegelwellenabtrieb

Es handelt sich ebenfalls wieder um eine Vormontage durch Pressen (Montagepresse mit 10 Tonnen Preßkraft).

1 Deckel in Vorrichtung einlegen;
2 Außenring für Schräglager in Deckel einpressen;
3 Dichtring mit etwa 7000 N einpressen;
4 Baugruppe aus Vorrichtung entnehmen.

Kegelwelle montieren

1 Innenring des Lagers auf Welle aufpressen (10 Tonnen Preßkraft);
2 Distanzring aufstecken;
3 Kegelwelle in Deckel einführen;
4 Innenringlager auf Welle aufpressen;
5 Druckscheibe auflegen;
6 Mitnehmerflansch auf Verzahnung bringen;
7 Mutter ansetzen und festziehen;
8 Reibmoment prüfen;
9 Ablage der Baugruppe in Palettenträger.

Deckel für Ausgleichsgetriebe

In die beiden Deckel rechts und links werden Teile eingepreßt (Montagepresse mit 10 Tonnen Preßkraft).

1 Außenringe für Schrägrollenlager einpressen;
2 Dichtringe mit 7000 N Preßkraft einpressen;
3 Dichtringe fetten;
4 Beide Deckel auf Montageträger ablegen.

Ausgleichsgetriebegehäuse komplettieren

1 Vormontiertes Ausgleichsgetriebe in Gehäuse einführen;
2 Linken Deckel einführen und zentrieren;
3 Rechten Deckel einführen und Wellenstumpf mit Lager zentrieren;
4 Beide Deckel mit Schrauben versehen;
5 Beide Deckel festschrauben, dabei Drehmoment kontrollieren;
6 Vormontierte Zwischenwelle in Gehäuse einführen;
7 Außenring der Lager mit hydraulischem Arbeitszylinder einpressen;
8 Linken und rechten Verschlußdeckel aus Aluminium mit Handdorn einpressen;
9 Linken und rechten Sicherungsring ansetzen und mit Sicherungsring-Zange in Nut setzen;
10 Vormontierten Deckel mit Kegelwellenabtrieb in Gehäuse einsetzen.
11 Acht Schrauben ansetzen und mit Elektroschrauber festziehen, wobei das Drehmoment kontrolliert wird.
12 Linke und rechte Achs-Antriebswelle in die Verzahnung einführen, wobei vorher die Wellen zu fetten sind.
13 Verbindungsrohre rechts und links ansetzen, zentrieren und mit Schrauben versehen;
14 Beide Verbindungsrohre mit Elektroschrauber festschrauben, wobei das Drehmoment zu kontrollieren ist.
15 Ausgleichsgetriebe auf dem Prüfstand ablegen und mit HD-Öl befüllen;
16 Ölfüllschraube eindrehen;
17 Getriebe mit entsprechender Drehzahl einfahren und dabei das Reibmoment prüfen;
18 Gehäuse mit Kennzahlnummer versehen;
19 Ausgleichsgetriebe auf Palette ablegen.

4.4 Montage eines Schaltgetriebes

Die Montage soll auf einer Montagelinie mit Montageträgertransfer realisiert werden. Das Getriebe ist in Bild 4.4 dargestellt. Es wird folgender Montageablauf vorgeschlagen:

Vormontage oberer Deckel
1 Abstimmscheibe mit Meßmittel ausmessen und zuordnen;

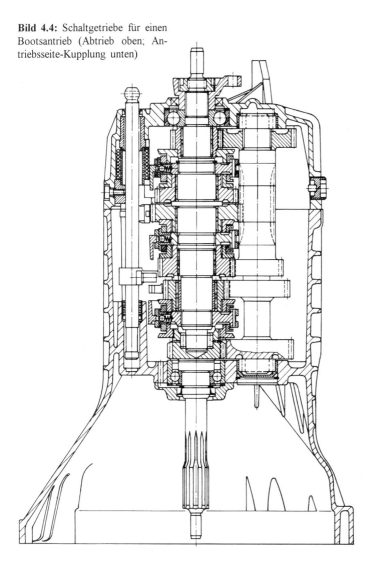

Bild 4.4: Schaltgetriebe für einen Bootsantrieb (Abtrieb oben; Antriebsseite-Kupplung unten)

2 Lagerkörper und Lagerhülse für Triebsatz und Vorgelegewelle von unten einpressen (Montagepresse, Aufnahmevorrichtung, Preßdorne);

3 Einpressen der Führungsbuchse für Schaltstange von unten (Auflage an der Trennfläche); Einpressen von 2 Dichtringen von oben (oberer Preßdorn ist Gegenhalter für Preßkraft von unten);

4 Ablegen der Baugruppen auf Montageträger.

Getriebegehäuse

1 Einpressen des Lagerkörpers für Triebsatz sowie der Lagerhülse für Vorgelegewelle und Einpressen der Kugelbuchse für Schaltstange (hydraulische Preßstation in der Montagelinie; Einfahren von 3 Preßdornen von oben mit den aufgefädelten Fügeteilen);
Das Gehäuse befindet sich dabei in der Aufnahmevorrichtung des Montageträgers und ist gespannt.
2 Weitergabe des Montageträgers.

Unterer Deckel

1 Ausmessen und Zuordnen einer passenden Abstimmscheibe (Meßmittel; Abstandsmaß von oberen Deckel bis zur Schraubfläche);

2 Einpressen des Dichtringes (Montagepresse über Montagelinie, Preßdorn und Auflagevorrichtung);

3 Ablegen des Deckels samt Abstimmscheibe auf den Montageträger und Weitergabe desselben

Vorgelegewelle

1 Aufpressen des oberen Zahnrades auf der ansonsten komplett verzahnten Welle (Aufnahmevorrichtung, Preßdorn, Montagepresse);
2 Ablegen der Baugruppen auf Montageträger.

Triebsatz

1 Nadellagerkäfige in Triebsatzräder mit den bereits montierten Synchronkörpern auf die einzelnen Sitze der Triebsatzwelle fügen (2 Fügearbeitsplätze mit Aufnahmen zum manuellen Fügen); Die Triebätze werden jeweils links und rechts vom Wellenbund montiert.
2 Triebwelle ablegen und weitergeben.

Triebwelle

1 Einbau der Triebwelle an der Kupplungsseite von oben in das Lager (Handarbeit am Montageträger);

2 Einbau des Zwischenlagers Spezi-radial-axial in den planseitigen Sitz der Triebwelle (Handarbeit am Montageträger);

3 Einbau des Rollenkäfigs für Vorgelegewelle.

Triebsatzwelle und Vorgelegewelle

1 Fügen beider Wellen mit Eingriff der Zähne und auf Achsabstand in den Rollenkäfig des Gehäuses und in das Lager der Triebwelle (Spezi-radial-axial) an Handarbeitsplatz (Gehäuse auf Montageträger);

2 Schaltstange in Kegelbuchse einstecken sowie Schaltklauen justieren und festziehen (Handschrauber am Seilzug von oben);

Deckelmontage

1 Federelement für Mittelstellung der Schaltstange montieren und Sicherungsklotz mit Schraube befestigen (Montageaufnahme, festaufgebauter Waagerecht-Schrauber über der Montagelinie);

2 Rollenkäfig am oberen Ende auf Vorgelegewelle fügen (Handarbeitsplatz; Gehäuse mit eingesteckten Triebachsen befindet sich auf Montageträger);

3 Dichtring zwischen Deckel und Gehäuse am Gehäuserand auflegen;

4 Kompletten Deckel über Triebachse, Schaltstange und Rollenkäfig der Vorgelegewelle anfädeln und fügen;

5 Schrauben (8 Stück) rundum am Schraubrand ansetzen;

6 Weitergabe des Montageträgers zur Schraubstation;

7 Mit 8fach-Schrauber Schrauben automatisch von oben anziehen (Montageträger wird in Station positioniert);

Fertigmontage

1 Flansch für Abtrieb von Hand ansetzen und in Profilverzahnung pressen (Montagepresse von oben an der Montagelinie);

2 Mutter von Hand anziehen;

3 Ölbefüllung von der Seite;

4 Mutter mit Montageschrauber von oben anziehen; Ölverschlußstopfen einschrauben und von der Seite festziehen (Klauennuß, Innensechskantnuß, automatische Schraubstation);

5 Schaltgetriebe von Montageträger abnehmen und ablegen.

4.5 Montage einer Abtriebseinheit

Die Abtriebseinheit ist mit einem Torsionselement zum Ausgleichen der Abtriebsbewegungen nach zwei Seiten ausgestattet. In das Getriebe werden später beidseits Steckwellen eingeschoben. Diese Einheit (Bild 4.5) soll auf einem taktenden Plattenbandförderer mit Werkstückaufnahmen montiert werden. Es wird folgender Ablauf vorgeschlagen:

Trägerkörper

1 Basisteil Trägerkörper vom Förderer abnehmen und in Vorrichtung über der Transportstrecke einspannen;

2 Ritzellager im gegabelten Bereich des Trägerkörpers ansetzen und bündig einpressen (Preßzylinder über dem Plattenband);

3 Entnehmen des Trägerkörpers aus Vorrichtung und Ablage auf Plattenband zum Weitergeben;

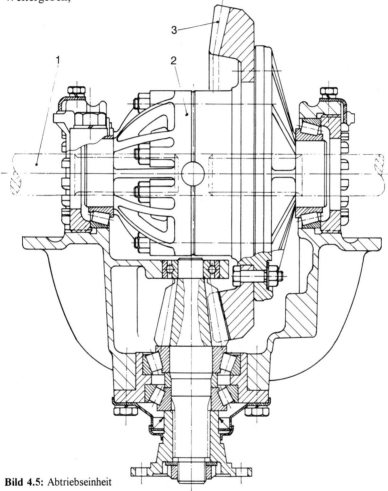

Bild 4.5: Abtriebseinheit
1 Steckwelle, 2 Torsionselement, 3 Tellerrad

Torsionselement

1 Tellerrad aufpressen (Aufnahmevorrichtung, Montagepresse);

2 Rollenlagerkörper rechts und links ansetzen und gleichzeitig aufpressen (Preßzylinder, Aufnahmevorrichtung);

3 Tellerrad mit Torsionselement verschrauben; Schrauben und Muttern ansetzen; mit 8fach-Schraubkopf verschrauben (Schrauber, Aufnahmevorrichtung);

4 Entnehmen der Baugruppen aus Vorrichtung und Ablage auf Plattenband.

Unteres Ritzelwellenlager

1 Lageraußenringe oben und unten in Ritzelwellenlager einpressen (Preßzylinder, Aufnahmevorrichtung);

2 Entnehmen aus Vorrichtung und weitergeben.

Blechdeckel

1 Dichtring in Blechdeckel einpressen (Aufnahme, Montagepresse);

2 Schutzring aus Blech auf Flansch aufpressen (Aufnahme, Montagepresse);

Ritzelwelle

1 Rollenlagerkörper auf Ritzelwelle pressen (Aufnahmevorrichtung, Montagepresse);

2 Teilmontage Ritzelwelle mit Rollenlagerkörper in Lagerflansch einbauen (Handarbeitsplatz);

3 Abstandsring mit zweitem Lagerkörper auf Ritzelwelle schieben (Handarbeitsplatz);

4 Blechdeckel und 6 Schrauben ansetzen und in einer Aufnahmevorrichtung mit 6fach-Schraubkopf verschrauben (Aufnahme über dem Plattenbandförderer, Mehrfach-Schraubkopf);

Fertigmontage

1 Torsionselement mit Tellerrad in den T-förmigen Trägerkörper aus Guß einführen. Die Verzahnung kämmt mit dem Ritzel.

2 Lageraußenkörper rechts und links mit Kronenmutter ansetzen, abstecken von zwei Seiten mit Vorrichtung von rechts und links Muttern mit Schraubvorrichtung anziehen (Maulschlüsselschrauber, 2fach-Schraubkopf für Kronenmutter, Vorrichtung zum Abstecken bis Lagerachsen fluchten);

3 Reibmoment einstellen und Muttern sichern mit Winkelblech und Schraube (pneumatischer Handschrauber);

4 Montageeinheit vom Plattenbandförderer abnehmen und in Palette ablegen.

4.6 Technologieübungen

Es ist von großem Nutzen, wenn man eine Montagereihenfolge Stück für Stück nachvollzieht und begreift. Die nächste Stufe wäre, selbst einen Montageablauf für etwas komplexere Baugruppen, wie es z.B. Getriebe sind, auszuarbeiten.

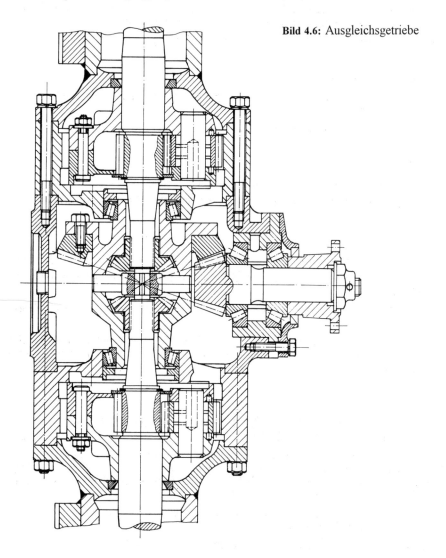

Bild 4.6: Ausgleichsgetriebe

Für die, die hier trainieren wollen, sind die nachfolgenden Baugruppen in den Bildern 4.6 bis 4.11 abgebildet. Für konstruktiv Interessierte bieten die Beispiele natürlich auch Anschauungsunterricht, wie man Unterbaugruppen, Lager und Führungen gestalten kann. Alle Baugruppen haben sich in der gezeigten Ausführung im Fahrzeug- und Maschinenbau bewährt.

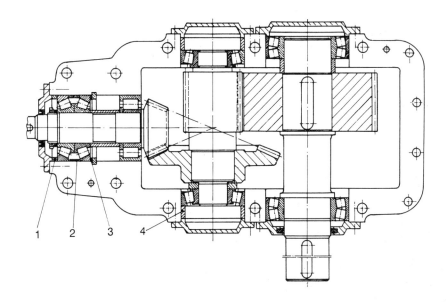

Bild 4.7: Stirnradgetriebe mit sich kreuzenden Achsen

1 Distanzring, 2 Abstandshülse, 3 Paßscheibe, 4 Distanzhülse

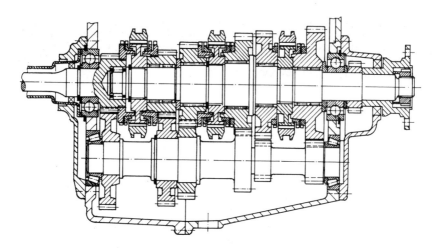

Bild 4.8: Triebsatz eines Schaltgetriebes

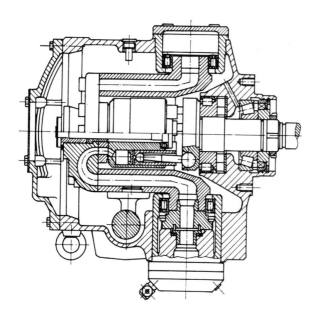

Bild 4.9: Hydraulikpumpe

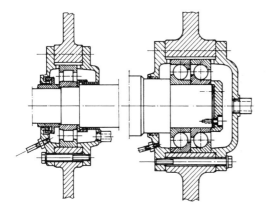

Bild 4.10: Fliegende Lagerung

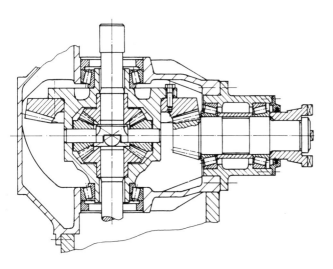

Bild 4.11/1: Ausgleichsgetriebe 1

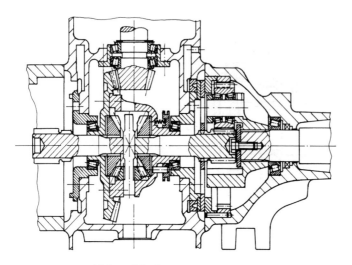

Bild 4.11/1: Ausgleichsgetriebe 2

Literatur und Quellen

[1] Scharf, P.; Großberndt, H. (Hrsg.): Die automatische Montage mit Schrauben. expert Verlag, Renningen 1994

[2] Volmer, J. (Hrsg.): Industrieroboter - Funktion und Gestaltung. Verlag Technik, Berlin, München 1992

[3] Krahn, H.; Nörthemann, K.-H.; Stenger, L.; Hesse, S.: Konstruktionselemente. 2. Aufl., Vogel Buchverlag, Würzburg 1994

[4] Feldmann, K.(Hrsg.): Montageplanung in CIM. Springer Verlag und Verlag TÜV Rheinland, Berlin und Köln 1992

[5] Hesse, S.: Montageatlas - Montage- und automatisierungsgerecht konstruieren. Hoppenstedt Verlag/Vieweg Verlag, Darmstadt/Wiesbaden 1994

[6] Bäßler, R.: Montagegerechte Produktgestaltung für eine wirtschaftliche Montageautomatisierung. expert verlag, Ehningen 1988

[7] Barthelmeß, P.: Montagegerechtes Konstruieren durch die Integration von Produkt- und Montageprozeßplanung. Springer Verlag, Berlin, Heidelberg u.a. 1987

[8] Andreasen, M.M.; Kähler, S.; Lund, T.: Montagegerechtes Konstruieren. Springer Verlag, Berlin, Heidelberg u.a. 1985

[9] Chal, J.; Redford, A.: Design for Assembly, McGraw-Hill Book Company, London u.a. 1994

[10] Lotter, B.; Schilling, W.: Manuelle Montage. VDI-Verlag, Düsseldorf 1994

[11] Hesse, S.: Praxiswissen Handhabungstechnik in 36 Lektionen. expert Verlag, Renningen 1996

[12] Nagel, J.: Betriebsmittelkonstruktion. N-Verlag, Aschaffenburg 1992

[13] Konold, P.; Reger, H.: Praxiswissen Montagetechnik - Grundlagen, Produktgestaltung Systeme und Komponenten. Vieweg Verlag, Wiesbaden 1996

[14] Hesse, S.; Mittag, G.: Handhabetechnik. Verlag Technik, Berlin 1989

[15] Hesse, S.: Atlas der modernen Handhabungstechnik. Hoppenstedt Verlag und Vieweg Verlag, Darmstadt und Wiesbaden 1995

[16] Fischer, G.E.: Montage von Schrauben mit Industrierobotern. Springer Verlag, Berlin, Heidelberg u.a. 1990

[17] Bilger, B.: Montage-Praxis. Resch Verlag, Gräfelfing 1987

Sachwörterverzeichnis

Abteilen 23
Abziehvorrichtung 103
Arbeitsplatz Standardmaße 137
Auflageprisma 132
Aufweitkegel 98
Ausgleichsmechanismus 130
Außengreifer 20
Außengriff 14

Backenspanner 123
Basisteilspannung 49
Baugruppengestaltung 13
Behälterregal 140
Beißgreifer 110
Bereitstellspeicher 155
Bördeleinrichtung 88
Bremsfunktion beim Weitergeben 160
Bunkerzuführeinrichtung 156
Bürstenfeld 159

Clipmontage 102

Demontagewerkzeug 104, 111
Depalettierstation 31
Doppelgreifer 22
Doppelgurtband 33
Doppelhubzylinder 78
Doppelpreßeinheit 80
Doppelschraubkopf 57
Drehgelenkroboter 82
Drehmomentgeber 54
Drehschrauber 58
Drehvorrichtung 50

Eckenumlenkung 44
Einführschräge 12
Einlegegerät 21
Einpreßstation 83
Einzelplatzmontage 136
Einzelteilgestaltung 12

Federklemmer 120
Federscheibenspanner 17
Fluchtungsfehler 57
Förderaufsatz 149
Fügeeinrichtung 88
Fügehilfe 127

Gewindeschneidwerkzeug 61
Greifer 14

Haftaufnahme 15
Haltevorrichtung 13
Handhebelpresse 74
Handmontageplatz 139
Handspannung 121
Hebelspanner 114
Hub-Drehplatte 51
Hubeinrichtung 46
Hubgetriebe 140
Hubspeicherwerk 155
Hydraulikpumpe 178

Industrieroboter 102
Innengriff 14
Innenhaftaufnahme 15
Innenspannzange 87

Kassettierung 154
Keilabtrieb 134
Keilschieber 16
Keilschiebersystem 121
Ketten-Hochförderer 155
Kipphebelübersetzung 85
Kleinteile-Kassettierung 152
Klemmaufnahme 13, 19
Klemmgreifer 18
Kniehebelhandpresse 75
Kniehebelsystem 135
Komplexität Montage 2
Kraftübersetzung 83
Krallenabzieher 103
Kurvensteuerung 103

Laufwagensystem 32
Liftstation 33, 43

Magazinplatz 140
Magnetfeldunterstützung 89
Magnetgreifer 149
Maschinengewinde-Bohrfutter 61
Mehrfachzuteiler 148
Mehrspindelkopf 70
Montage Abtriebseinheit 173
Montage Ausgleichsgetriebe 167
- Lenkgetriebe 163
- Schaltgetriebe 170
- Wasserpumpe 165
Montage-Hebewagen 141
Montagearbeitsplatz 138
Montageaufnahme 115
Montageautomat 103, 116, 148
Montagebasisteil 11
Montagegerechte Gestaltung 8

Montagehilfsmittel 136
Montagehülse 100
Montagelinie 90
Montagepresse 83, 86
Montagestation 93
Montageträger 34, 39, 113, 118
Montagewerkzeug 95
Muttern-Schraubeinheit 92

Nachfüllbunker 153
Niederhalter 79
Nietstempel 91
Niveaustufen Montage 1

Palettierstation 31
Pendelausgleich 79
Pendelstütze 87
Positionierfehler 127
Positionierhilfe 127
Positionsfehler 2
Positionsfehlerausgleich 129, 133
Preßauflage 35, 87
Preßbrücke 76, 82
Preßeinheit 77
Preßhülse 72
Preßstempel 72
Preßstempelform 73
Preßvorrichtung 71
Produktstruktur 8
Pufferstrecke 35

Radialdichtring 12
RCC-Einheit 127
Reibrollen-Transferstrecke 45
Ringspannelemente 122
Roboterhammer 82
Rollmembran 74

Rücklaufbahn 43
Rundtisch 115

Schachtmagazin 140
Schaltgetriebe 178
Scheibenrollenbahn 36
Scheibenrollengang 37
Schieberzuteiler 25
Schlagapparat 84
Schleusenzuteiler 160
Schlüsselkopf 57, 60
Schnelleinzug 43
Schnellwechselkopf 136
Schnellwechselkupplung 91
Schrägförderbunker 156
Schraubdrehkopf 59
Schraubeinheit 62
Schraubenanzieheinrichtung 57
Schraubendreher 55
Schraubenzuführung 54
Schrauberspindel 62
Schraubersystem 66
Schraubervorsatzgeräte 62, 67
Schraubnuß 60
Schraubstellengestaltung 10
Schraubtechnik 53
Schwenkspanner 114
Schwenktisch 144
Schwenkvorrichtung 52, 142
Schwingfördertechnik 149
Segmentzuteiler 23
Sicherungsring-Montage 99
Sitzarbeitsplatz 137
Spannaufnahme 122
Spanneinrichtung 113
Spannkurvenklemmung 114
Spannstock 124

Spannzange 15
Spannzangengreifer 129
Spreizdorn 101
Standardmaße Arbeitsplatz 137
Stiftschrauben-Schraubeinheit 64
Stiftzuführung 146
Stirnradgetriebe 177
Stopperzylinder 38
Stufenabtrieb 62
Stützauflage 132
Suchmuster 130
Synchronhubeinrichtung 140

Transferstrecke 36
Transfersystem 33
Transporteinrichtung 31

Vereinzeln 23
Verpackungsmaschine 159
Verteilstation 147
Verzweigen 161
Vibrationswendelbunker 89, 152
Vibratorzuführung 156
Vorbunker 151
Vorrichtung 3

Waagerecht-Fügen 133
Waagerecht-Preßeinheit 83
Wellendichtring 73
Wellensicherungsring 98
Wendel-Rollbahnspeicher 155
Werkstückhalter 17
Werkstückspanner 113
Werkstückträger 34, 38
Werkstückzuteiler 23
Winkelabtrieb 68
Winkelausgleich 128

Winkelfehler 2
Winkelschrauber 69
Winkelschraubkopf 68

Zentriervorrichtung 132
Zuführeinrichtung 145
Zuführeinrichtung für Hülsen 157
Zuführkanal 156
Zuführstation 148
Zuführsystem Lagerbehälter 162
Zusammenführen 161
Zusatzbunker 150
Zuteiler 23
Zwischenspeicher 155

Praxiswissen Handhabungstechnik in 36 Lektionen

Dr.-Ing. habil. Stefan Hesse

1996, 190 Seiten, 160 Bilder, 93 Literaturstellen, DM 59,--
expertTraining
ISBN 3-8169-1340-7

Die Handhabungstechnik ist eine Querschnittsdisziplin, die sich mit der automatischen Manipulation von Gegenständen im Bereich industrieller Arbeitsplätze befaßt. Ursprünglich in der Massenfertigung geboren, dringt automatisches Handhaben mittlerweile auch in den Bereich der kleinen Stückzahlen vor.

Moderne Fertigungsanlagen sind heute ohne selbsttätigen Werkstückfluß nicht mehr denkbar. Was dabei alles eine Rolle spielt und welche Geräte nach welchen Regeln eingesetzt werden können, das wird im Buch an ausgewählten Beispielen besprochen. Für Selbstlerner sind Testfragen vorgesehen.

Das Buch wendet sich an
- Führungs- und Fachkräfte aus den Bereichen Produktionstechnik und Rationalisierung
- technische Geschäftsführer und Fertigungsleiter, die sich in das Fachgebiet einarbeiten wollen
- Ingenieure, Techniker und Praktiker, die sich mit der betrieblichen Rationalisierung befassen
- Projektplaner sowie FuE-Mitarbeiter, die Fertigungsanlagen entwickeln
- Studenten, Seminarleiter, Teilnehmer von Lehrgängen und Selbstlerner.

Inhalt: Automatisches Handhaben - Werkstückfluß - Balancer - Low-cost-Handling - Qualität und Handhabung - Baukastenmodule - Transportbänder - Prüfoperationen - Magnetelemente - Vibratortechnik-Greifer - Fügehilfen - Werkstückträger - Ordnen von Teilen - Magazine - Vereinzeln - Palettenwechsler - Weitergeben - Brückenbildung im Bunker - Blechteilehandling - Pneumatik in der Handhabetechnik - Roboter - Roboterperipherie - Serviceroboter - Mobile Roboter - Intelligente Roboter.

expert verlag GmbH · Postfach 2020 · D-71268 Renningen